不一样的 数学故事书

顾问　义务教育数学课程标准修订组组长
北京师范大学教授　**曹一鸣**

奇妙数学之旅

游学奇遇记

三年级适用

主编：王　岚　孙敬彬　禹　芳

华 语 教 学 出 版 社

图书在版编目（CIP）数据

奇妙数学之旅．游学奇遇记 / 王岚，孙敬彬，禹芳主编．— 北京：华语教学出版社，2024.9
（不一样的数学故事书）
ISBN 978-7-5138-2531-3

Ⅰ．①奇… Ⅱ．①王… ②孙… ③禹… Ⅲ．①数学—少儿读物 Ⅳ．① O1-49

中国国家版本馆 CIP 数据核字（2023）第 257644 号

奇妙数学之旅·游学奇遇记

出 版 人　王君校
主　　编　王　岚　孙敬彬　禹　芳
责任编辑　徐　林　谢鹏敏
封面设计　曼曼工作室
插　　图　天津元宇宙设计工作室
排版制作　北京名人时代文化传媒中心
出　　版　华语教学出版社
社　　址　北京西城区百万庄大街 24 号
邮政编码　100037
电　　话　（010）68995871
传　　真　（010）68326333
网　　址　www.sinolingua.com.cn
电子信箱　fxb@sinolingua.com.cn
印　　刷　河北鑫玉鸿程印刷有限公司
经　　销　全国新华书店
开　　本　16 开（710×1000）
字　　数　94（千）　8.75 印张
版　　次　2024 年 9 月第 1 版第 1 次印刷
标准书号　ISBN 978-7-5138-2531-3
定　　价　30.00 元
（图书如有印刷、装订错误，请与出版社发行部联系调换。联系电话：010-68995871、010-68996820）

《奇妙数学之旅》编委会

主　编

王　岚　孙敬彬　禹　芳

编　委

陆敏仪　贾　颖　周　蓉　袁志龙　周　英　王炳炳

胡　萍　谭秋瑞　沈　静　沈　亚　任晓霞　曹　丹

王倩倩　王　军　魏文雅　熊玄武　尤艳芳　杨　悦

写给孩子的话

学好数学对于学生而言有多方面的重要意义。数学学习是中小学生学生生活、成长过程中的一个重要组成部分。可能对很多人来说，学习数学最主要的动力是希望在中考时有一个好的数学成绩，从而考入重点高中，进而考上理想的大学，最终实现“知识改变命运”的目的。因此为了提高考试成绩的“应试教育”大行其道。数学无用、无趣，甚至被视为升学道路上“拦路虎”的恶名也就在一定范围、某种程度上产生了。

但社会上同样也广为认同数学对发展思维、提升解决问题的能力具有不可替代的作用，是科学、技术、工程、经济、日常生活等领域必不可少的工具。因此，无论是为了升学还是职业发展，学好数学都是一个明智的选择。但要真正实现学好数学这一目标，并不是一件很容易做到的事情。如果一个人对数学不感兴趣，甚至讨厌数学，自然就不会认识到学习数学的好处或价值，以致对数学学习产生负面情绪。适合儿童数学学习心理特点的学习资源的匮乏，在很大程度上是造成上述现象的根源。

为了改变这种情况，可以采取多种措施。《奇妙数学之旅》

这套书从儿童数学学习的心理特点出发，选取小精灵、巫婆、小动物等陪同小朋友一起学数学。通过讲故事的形式，让小朋友在轻松愉快的童话世界中，去理解数学知识，学会数学思考并尝试解决数学问题。在阅读与思考中提高学习数学的兴趣，不知不觉地体验到数学的有趣，轻松愉快地学数学，减少对数学的恐惧和焦虑，从而更加积极主动地学习数学。喜欢听童话故事，是儿童的天性。这套书将数学知识故事化，将数学概念和问题嵌入故事情境中，以此来增强学习的趣味性和实用性，激发小朋友的好奇心和想象力，使他们对数学产生兴趣。当孩子们对故事中的情节感兴趣时，也就愿意去了解和解决故事中的数学问题，进而将抽象的数学概念与自己的日常生活经验联系起来，甚至可以了解到数学是如何在现实世界中产生和应用的。

大中小学数学国家教材建设重点研究基地主任

北京师范大学数学科学学院二级教授

人物名片

神奇学院的学生，和安心是龙凤胎，浓眉大眼，勇敢，有智慧，非常喜欢学习数学知识。

神奇学院的学生，和安然是龙凤胎，乖巧可爱，善良，细心，非常喜欢学习数学知识。

蘑菇村里的蘑菇人，聪明好学，心地善良，后来跟着神奇学院的师生一起游学，学到了很多数学知识，最终成为神奇学院的学生。

神奇学院的院长，慈祥和善，喜欢孩子，善于引导孩子们思考、学习，充满智慧。

CONTENTS

故事序言

第一章 · 蘑菇村大战女巫

两位数乘一位数……4

第二章 · 寻找神农苑

认识方向……19

第三章 · 神秘书房

角的初步认识……33

第四章 · 密室逃脱

认识周长……48

第五章・小花园大发现

认识分米、毫米……59

第六章・神奇部落的法宝

千克和克……71

第七章・灵力糖换馒头

两、三位数除以一位数……81

第八章・毛驴智斗使者

解决问题……93

第九章・面包国的美食

分数的初步认识……106

第十章・剪窗花赢大奖

轴对称图形……116

尾声

故事序言

在一片神奇的大陆上，有一个名叫白马谷的地方，那里森林茂密，河流横穿而过，美丽的风景似曾相识，但又记不得在哪里见过。

白马谷里有白色的骏马奔腾吗？流淌的河水蜿蜒细长如飘带吗？灌木丛里是否藏着可爱的白兔？

真的白马谷和想象中的并不完全相同。这里的房屋历经沧桑，像个拄着拐杖的老爷爷，风一吹，那房子好像会发出哆嗦的声音。天气好的时候，小木屋里的炊烟袅袅升起，像一团团白雾。茂密的森林就在小木屋的后面，森林上空，一团团白色的雾像森林的白帽子。树底下长着一丛丛小蘑菇，它们像害羞的小女孩躲在大树背后。树上的野果可就大方多了，它们伸长脖子张望着，小鸟亲它，它也不躲，风一来，它就开心得直跳。一排杨柳在微风中摇摆，就像一排绿精灵。青青的草地上，一朵朵小野花像星星一样点缀着绿草地。小动物们有的在挖洞，有的探出头，有的悠闲地吃着草，有的调皮地闻着花香。小池塘被弯弯的小河连起来，像是一串水晶项链。连绵起伏的高山，把倒影藏进河水里，河水就变得深深浅浅、明明暗暗起来。

山的那边是什么呢？除了白云，会住着神仙吗？这是白马谷里神奇学院中每个学生都好奇的问题。神奇学院的学生都是经过层层选拔进来的，他们或有魔法，或有惊人的天赋。院长姓欧阳，叫什么名字，谁也不知道。

这里的每个学生，看到山顶的白云，都忍不住想要知道山外的情况。他们期待着走出白马谷，到山的那头去，看看外边的世界。可这并不容易，每年只有最优秀的两名学员才可以走出白马谷进行游学。今年又会是谁呢？

在今年的测评中，最优秀的两名学员是安然和安心。他们是一对双胞胎兄妹，哥哥安然浓眉大眼，聪明又勇敢；妹妹安心乖巧可爱，心细又善良。他们从小便在数学方面展现出了惊人的天赋，就是这个天赋让他们入选神奇学院。

这次将由欧阳院长亲自带着他们走出白马谷，到外边的世界进行

为期一个月的游学。安然和安心想要不激动都难。但他们的妈妈却很担心，这对双胞胎离开家就到了神奇学院，哪里知道外面世界的险恶呢？虽说有欧阳院长带队，但大部分工作还得双胞胎独立完成，他们两个行吗？安然的勇敢会不会变成了鲁莽？安心的善良会不会让她受人欺骗呢？安然和安心用尽各种办法向妈妈保证一定会照顾好自己，他们的执着终于让妈妈同意了这次游学之旅。

欧阳院长稍作准备，便带着双胞胎出发了。他们将穿越白马谷的边界，开启神秘的旅程。

第一章

蘑菇村大战女巫

——两位数乘一位数

怀着满满的期待，还有一丝丝的忐忑，安然、安心跟着欧阳院长踏上游学的旅程。白马谷外面的世界对这对拥有数学天赋的双胞胎来说，既陌生又新奇。

蘑菇村，是游学的第一站。听名字就知道，这里一定是蘑菇的世界。是房子像蘑菇呢，还是这里盛产蘑菇呢？安然在村口看见村牌的时候就一直猜测着。

兄妹俩正想一探究竟，“哎呀——”两个急匆匆赶路的小人儿撞上了安然，他们身体小小的，软软的，一撞到安然就被反弹了回去，直直地向后倒去。

“对不起，你们没受伤吧？”兄妹俩赶紧去扶。

“来不及了，来不及了……”两个小人儿嘟哝着站起来又要往前蹦。

安心一把拉住他们俩：“你们这么着急是要去哪里？说出来，也许我们可以帮你们。”安心看他们急急忙忙奔跑的样子，猜测他们应该是遇到了什么着急的事情。

这时，安心、安然才看清楚这两个小

人儿的模样：胖乎乎的身体像个可乐瓶，长着蘑菇菌盖一样的大脑袋，非常可爱。原来蘑菇村里真的住着蘑菇人呀！

安然一把抱起两个小蘑菇人，左右肩膀各放一个，说话也变得温柔起来，生怕大嗓门吓着他们：“要去哪里？我送你们去！”

欧阳院长站在边上默默地看着这一幕，微笑着点了点头，这就是他喜欢这兄妹俩的原因。

“贝贝，这样蹦太慢了，也许这两个长腿怪真的可以帮助我们。”一个小蘑菇人说。

“我们可不是长腿怪，我们是人类！”安然笑着，认真地说。

“谢谢你们，我们出发吧！你朝着这个方向走，边走我边告诉你。”那个叫贝贝的小蘑菇人指着前方对大家说。于是一行人按照他的指引往前走去。

红蘑菇叫贝贝，蓝蘑菇叫宝宝。小蘑菇们一直生活在蘑菇村，这里很安全，没有什么野兽，但他们很害怕一种叫红雨的东西。只要淋到红雨，蘑菇头上的蘑菇斑点就会褪色，等斑点都褪完了，他们就会生病。每当红雨降落时，他们只能四处奔逃，拼命寻找避雨的地方，但总是会有小蘑菇人被淋到。这种流离失所的生活可真不好过呀。

“难道是要下红雨了吗？”安心疑惑地抬头看向碧蓝的天空，天空上朵朵白云像一朵朵蘑菇。

“不是不是……”宝宝立即摇了摇头说，“村里来了一个女巫，她说要帮我们盖庇护棚。”

安然扛着两个蘑菇人，远远地就看到一大堆小蘑菇人聚在一起，中间围着一个穿黑袍的女巫。这个女巫虽然打扮得十分年轻，可脸上却爬满了皱纹，再看那银白色的头发，十足一个老太婆。硕大的尖顶帽子下面是一张黑漆漆的脸，女巫像是被一团黑气包围着，看起来神秘又可怕。

“……相信我，我真的是来帮助大家的，有了这个庇护棚，大家再也不用四处逃命啦。”女巫尖着嗓子大声说着。话音刚落，小蘑菇人便欢呼起来，对他们来说，这真是个好消息！

“当然，这庇护棚也不是白送的，大家需要拿灵力珠来交换。”看到大家都很开心，女巫的眼睛滴溜溜转了一下，露出了狡黠的笑容。

“那……”站在前排的一个小蘑菇人怯怯地问，“需要多少灵力珠呢？”

所有小蘑菇人齐刷刷地看向女巫，焦急地等待着答案。要知道，灵力珠是蘑菇人最珍贵的东西。每个成年的蘑菇人要用一年的时间才能积攒一颗灵力珠，他们害怕丢失或者遭破坏，就都把灵力珠存放在蘑菇村的神力盒里。

灵力珠像是蘑菇村的定海神针，灵力珠越多，蘑菇村就越能风调雨顺。如果没有灵力珠的守护，蘑菇村就像漂泊在大海里的一艘小船，任由风吹雨打，随时都可能被吞没。

小蘑菇人越焦急，女巫就越高兴，好像现在的蘑菇人都成了她手中的提线木偶，要他们怎样就怎样。只见她轻轻一笑：“不多，不多，只要15颗灵力珠就可以盖好一个庇护棚。”

“15颗？天哪！”小蘑菇人们像炸了锅一样闹哄哄的。

“这是抢劫吧！”性格直爽的宝宝忍不住喊起来。

“一个庇护棚就要15颗，我们哪来那么多灵力珠啊！”大家都嚷嚷起来。

“那好吧，谁叫你们遇到如此善良的我呢，那就做好事做到底，每个庇护棚就只收你们12颗灵力珠吧！

唉，我真的太善良了，你们可得好好感谢我呀！”女巫装出一副好心肠的样子，“要知道，我盖的庇护棚可是很神奇的，下雨的时候它会变大，能保证一家人不会淋到一丁点儿红雨。你们想想吧，哪里还有这么好的交易，你们还觉得不划算吗？”

见大家还在犹豫，女巫的脸像夏天的天气说变就变，她板着脸生气地说：“要知道，这个机会很难得的，我不是每天都这么好心肠，不是每天都想乐于助人的。一会儿我要是变了主意，不给你们盖庇护棚，你们可要后悔了！”说着，女巫做出想离开的样子。有的小蘑菇人心急如猫抓，立即围住女巫，并挽留她；没那么心急的，三五个一群围在一起商量着什么。

没过多久，大家商定：先造 3 个试试。他们想先看看，这个庇护棚会不会真如女巫所说，不管一家有多少人，都能得到保护。

宝宝掰起自己的手指头算起来：**3 个庇护棚，每个 12 颗灵力珠**，要多少灵力珠呢？就是 3 个 12，12×3=?

他抓了抓脑袋，脑袋里是一团糨糊。这样的数学题太难了。

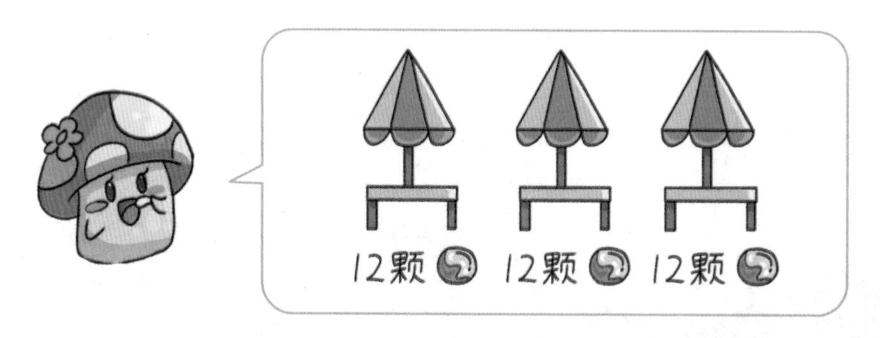

“瞧你这个小笨笨，还是我来算算吧。”女巫的眼睛里闪过一丝狡黠，她仿佛看见一大堆灵力珠在向自己飘来。只见女巫撩起袖子，瘦骨嶙峋的手往袖子黑暗处伸，从里面拿出一个小计算器。

“不用你的计算器！他们一共要交 36 颗灵力珠！”人群里传来一个声音，是安然，“这个挺简单的，**12×3 可以看成 3 个 12 相加**，那么 12+12+12=36（个）。”

女巫一愣，她眼睛都要鼓出来了，她想要看看这个小男孩的脑子里是不是藏着一个微型计算器，要不然，他怎么可能算得这么快，简直就是脱口而出。

原来呀，这一幕被欧阳院长等人看在眼里，看着宝宝算得满头大汗也没算出来，安然决定帮他一下。于是他走出人群，在前方的空地上，用树枝在地上画了起来：

他先画了一捆小棒表示 10 根，再画 2 根小棒表示 2 根，一共画了三组这样的图形。

安心在旁边解释道：“3 个 10 是 30，3 个 2 是 6，所以合起来是 36，也就是 3×10=30，3×2=6，30+6=36。我们神奇学院的同学一般用**竖式计算**。”

$$\begin{array}{r l} & 1\ 2 \\ \times & 3 \\ \hline & 6 \quad \cdots\cdots 3\times 2=6 \\ & 3\ 0 \quad \cdots\cdots 3\times 10=30 \\ \hline & 3\ 6 \quad \cdots\cdots 6+30=36 \end{array}$$

$$\begin{array}{r r} & 1\ 2 \\ \times & 3 \\ \hline & 3\ 6 \end{array}$$

小蘑菇人都非常高兴，他们围着安然和安心又蹦又跳。

交易开始。蘑菇人搬来神力盒，打开盒子，36 颗灵力珠闪着耀眼的光，像海珍珠一样。女巫见了，眼睛像是被吸住了，一刻也移不开，口水也不由自主地流了下来。她细长的手掌伸向神力盒，大手一抓，把灵力珠快速放进嘴巴，“咕噜”一声，灵力珠被吞了下去。片刻，她脸上的黑气慢慢变淡，直至褪去，一层迷人的光晕笼罩着她，待光晕消失后，一张光洁紧致的脸出现在大家面前。

“天哪！”大家不由得惊叹起来。

女巫虽然没有照镜子，但她的手已经告诉了她一切。她伸出一只手，皮肤光滑细腻，手指柔软修长。她用手向天空一抓，然后朝地上一撒，一个庇护棚赫然出现在大家面前。她又照样操作了两次，又有两个庇护棚出现了。

25 的奇妙乘法

25是一个奇妙的数字，2个25是50，3个25是75，4个25正好是100，25×8里面有2个25×4，是200。根据这样的规律，25×12可以变成$25\times4\times3=300$，$25\times24=25\times4\times6=600$。你能像这样找一找有关25的奇妙乘法吗？

这种庇护棚开始像个白色皮球一样大小，每当一个小蘑菇人进去后，它就像肚皮变大了一样鼓起来，果然能根据不同的人数而变化大小，刚好容纳一大家子人，真是太神奇了！

女巫吞食了灵力珠变得神采奕奕，这种感觉太棒了，她可不愿意就此收手。

可是，这种庇护棚实在是太昂贵，而灵力珠对蘑菇村太重要，蘑菇人说什么也不愿意再造庇护棚了。

女巫的眼珠子一转，一个主意又冒了出来。“我还有神奇雨衣，你们穿着神奇雨衣，一辈子都不用淋红雨了，价格还便宜。”女巫大声说道。

“神奇雨衣？”

“一辈子都不会淋红雨？”

“价格便宜？真的吗？”

大伙儿有的被“神奇”两个字吸引，有的被“一辈子”打动，还有的听到价格便宜就两眼冒光。

“5 颗灵力珠可以换一件……”还没等女巫说完，大家就喊了起来：“太多啦！太多啦！灵力珠多么珍贵啊！”

“这个可以保护你们一辈子哦！一辈子，是一辈子！”女巫连连强调。看到大家还在纷纷摇头，露出不舍神情，女巫咬了咬嘴唇，像是做了一个重大的决定似的说：“4 颗，最少 4 颗。少于 4 颗灵力珠，我绝对不干！”

“最近红雨降落的次数越来越多了，为了各位的健康，我们还是换吧！”思考了好一会儿的蘑菇村村长说话了。

听了村长的话，贝贝就掰着手指头算了起来：蘑菇村一共有 37 个人，一人一件神奇雨衣，需要 37 件雨衣，每件雨衣需要 4 颗灵力珠，那**需要 37 个 4 颗灵力珠**才可以。

“37 个 4 颗，到底是多少颗呢？”宝宝使劲地想，可还是想不出来。

“咳咳！”女巫干咳了两声，拿起计算器开始计算，“你们不用算了，我已经帮你们算好了，一共 1228 颗。”

“我们怎么知道你算得对不对啊？”宝宝对这个女巫产生了怀疑。

女巫哈哈大笑，像是在笑宝宝，又像是早预料到有人会提出这个问题。她从宽大的外袍袖口中拿出了一张纸和一支笔，招呼大家凑过来看。只见女巫“唰唰唰”地在纸上写了一个竖式：

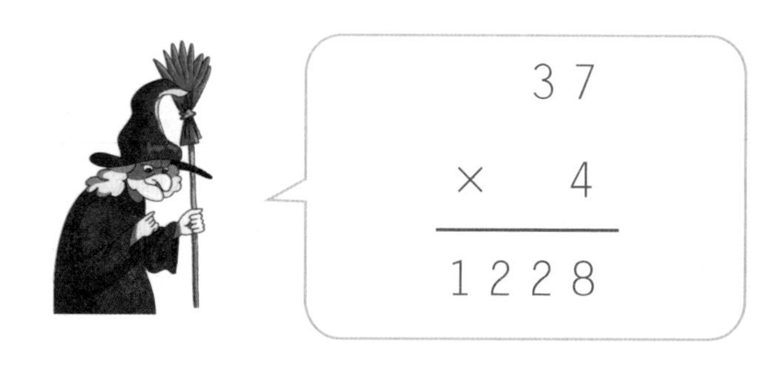

大家盯着纸上的东西，你瞧瞧我，我瞧瞧你，谁也没发出声音，好像大家都看懂了，又好像谁也没看懂。

女巫的眼睛像一束光一样，慢慢地横扫一遍，然后一本正经地解释起来：“神奇学院的学生刚才不是向你们展示过竖式吗，那我就用竖式来给你们计算，你们赶紧去取灵力珠吧。”

“这么多吗？怎么会有这么多呢？这实在是太多了！怎么办呢？”蘑菇村的人一会儿怀疑女巫，一会儿又怀疑起自己，最后他们慌了。这不是要大家把所有的灵力珠都交出来吗？

正在大家手足无措时，欧阳院长忍不住说："大家这么信任你，你怎么能欺骗大家呢？这可有失你的身份呀！"

女巫听完，笑容立刻消失，脸色变得难看起来，她尖着嗓子嚷道："可恶，多管闲事的老头儿，你可不要乱讲话，我什么时候欺骗他们了？再说了，这个竖式可是你们神奇学院的学生刚刚教给大家的呀！"

欧阳院长笑呵呵地不慌不忙地说："要是你算错了，免费送蘑菇人每人一件神奇雨衣；要是我算错了，我们就给你双倍的灵力珠。你敢不敢接受挑战？"

"挑战就挑战，谁怕谁呀！"女巫虽然心中有鬼，但还是心存侥幸，要知道，在这里她可是最强大的！

"我先问大家一个简单的算术题。现在我们有 37 个蘑菇人，**先看作是 40 个蘑菇人**，也就是要做 40 件神奇雨衣，4 个灵力珠换一件，要多少颗灵力珠呢？"

这个是整数，比较好算，但对于蘑菇人来说，还是太难了。安然很快想到了答案，看蘑菇人都说不出来，他就回答欧阳院长说："160 颗！"

宝宝好像明白了什么，大声叫道："**40 个人才要 160 颗灵力珠**，37 个人，怎么就变成了 1000 多颗呢？这里一定有问题！"

"对呀，女巫，你一定有问题！"大伙儿纷纷质疑起女巫来。

"我也算出来了！我是这样算的：先算 30 个人每人 4 颗，那就是 120 颗，再算 7 个人每人 4 颗，共 28 颗，120+28=148（颗）！"站在安心旁边的贝贝大声说道。

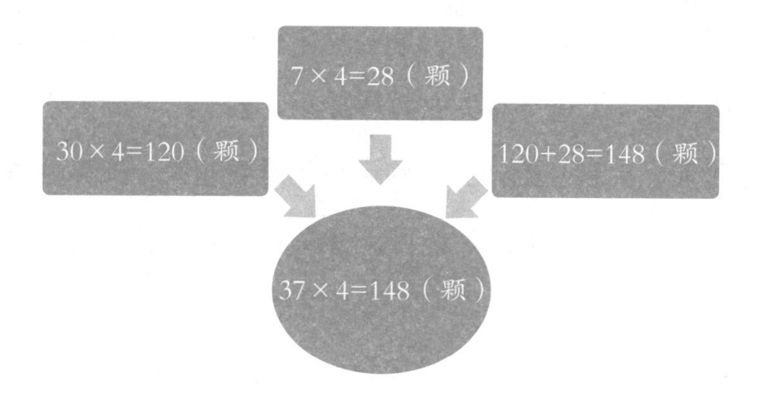

安心说：“贝贝，你真厉害，口算都可以把它算出来！用竖式是这样计算的。”说完，她在沙地上写着：

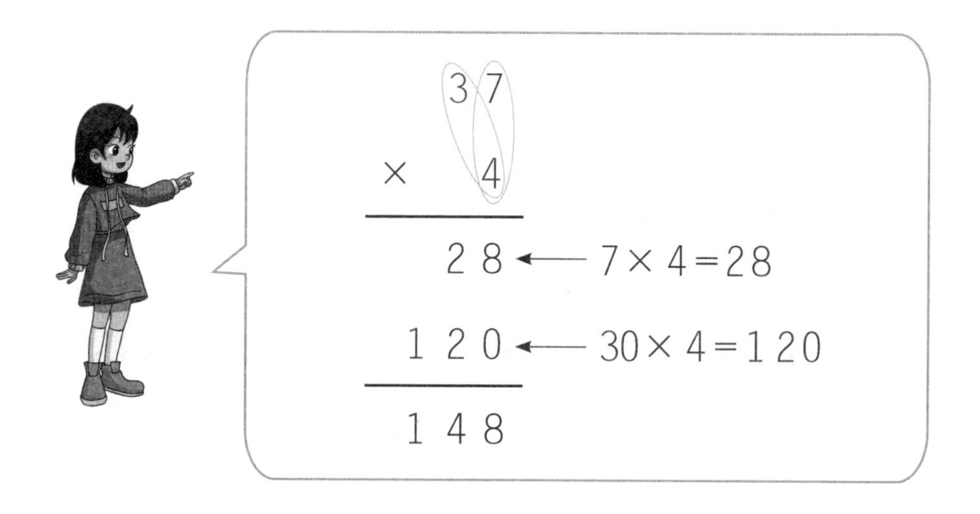

当然也可以写成这个简单的竖式：

$$\begin{array}{r} 37 \\ \times \ {}_{2}4 \\ \hline 148 \end{array}$$

安心也不卖关子，跟大伙儿解释道："我们**数位对齐**，列好竖式以后，**先算** 4 乘 7 等于 28，个位上写 8，向十位进 2，这个 2 要写在这里，**再算** 4 乘十位上的 3，得到 12 个十，加上刚才十位上进的 2，等于 14 个十，十位写 4，百位写 1。所以最后结果是 148，而不是 1228。女巫婆，你是故意坑人吧！"

女巫的阴谋被揭穿了，只能乖乖兑现承诺。随着耀眼的光芒消失，每个蘑菇人的身上都出现了一件神奇雨衣，一共 37 件。

看到女巫信守了诺言，蘑菇人也原谅了她。蘑菇人虽然身体小，能力小，但他们都有一颗大度包容的心，他们的宽容让女巫意识到了自己的错误。她诚恳地向蘑菇人道歉后离开了蘑菇村，并发誓，以后再也不骗人了！

有了神奇雨衣和庇护棚，蘑菇人再也不用为淋到红雨而发愁了。他们围着欧阳院长、安然和安心高兴地跳起舞来，还邀请他们到自己家里做客。

小蘑菇人宝宝和贝贝对神奇学院充满了好奇，更是羡慕安然、安心的计算能力，他们也很想学习数学知识，希望能跟着安然和安心一同去游学。欧阳院长痛快地答应了，于是他们五人一起踏上了新的旅程。

数学小博士

欧阳院长识破了女巫的诡计，引导大家计算出神奇雨衣所需费用。面对两位数乘一位数这个新挑战，欧阳院长用估算的方法识破了女巫的骗人诡计，安然和安心用自己的学习方法完成了两位数乘一位数的挑战。

在计算 37×4 时，可以先用估算的方法，把 37 估大，估成 40，40×4=160，所以 37×4 的积一定小于 160。

口算 37×4 时，可以计算 30×4 再加 7×4，最后结果是 148。

笔算 37×4 时，可以先用 4 乘 7 等于 28，再用 4 乘 30 等于 120，再把两次相乘的积相加。在列竖式时个位和个位相乘的积满十就向十位进位。

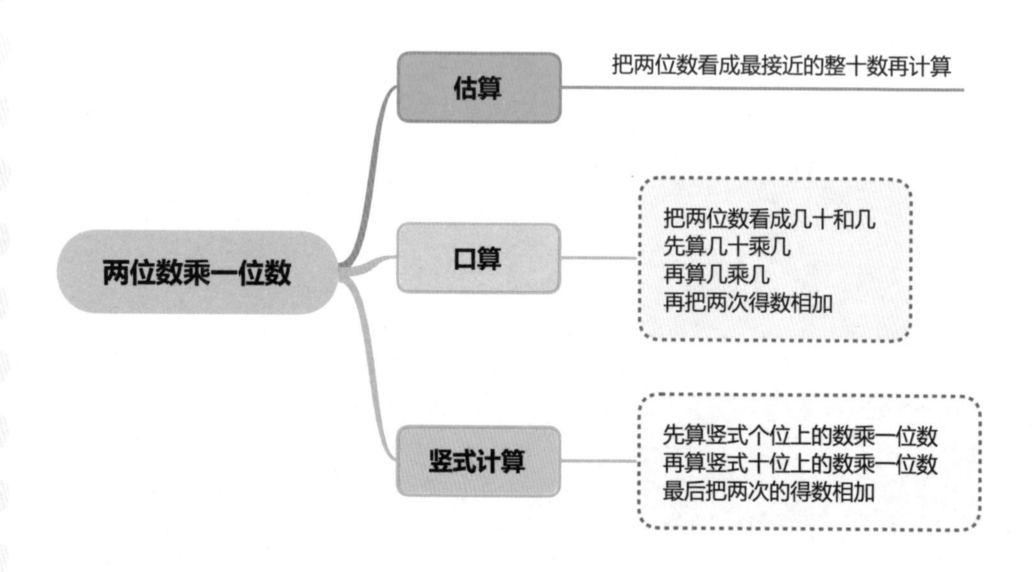

看到安然和安心这么爱思考，蘑菇村的村长也来请他们帮忙了。蘑菇村的记账本被红雨淋到了，有些数字完全看不清楚了。

村长说："蘑菇村的南边小区里有7筐蘑菇，一共有□1个蘑菇。有6个灵力盒，一共有12□颗灵力珠。哎，到底是多少呢？"

安然和安心一边安慰心急如焚的村长，一边开始写下竖式。

$$\begin{array}{r} \square\square \\ \times \quad 7 \\ \hline \square\ 1 \end{array} \qquad \begin{array}{r} \square\square \\ \times \quad 6 \\ \hline 1\ 2\ \square \end{array}$$

有这么多空格，从哪里开始思考呢？安然和安心觉得还挺有挑战性的。小朋友，你愿意试试吗？

温馨小提示

同学们，其实可以先倒过来思考，再各个击破哦！

关于蘑菇的个数，可以先考虑积的个位是1，所以乘数的个位就是 3。积是一个两位数，所以乘数的十位只能是 1，结果就是 13×7=91。

关于灵力珠的数量，根据得数的前两位是 12，可以确定乘数的十位是 2。乘数的个位只能填写 1，这样才不会发生进位。所以就是 21×6=126。

你的答案是不是也一样呢？

第二章

寻找神农苑

——认识方向

欧阳院长带领着双胞胎兄妹安然和安心，还有两个小蘑菇人宝宝和贝贝，从蘑菇村出发，翻过一座蘑菇山，穿过一条蘑菇河，来到了蘑菇草原。

蘑菇草原像一个巨大的蘑菇帽子，上面有绿油油的草地，草地里黄色的野花一丛丛，红色的野花一丛丛，像是一张好看的地毯。阳光洒在美丽的草原上，给地毯镀上了一层金色。微风吹拂着野花，野花低头说谢谢；微风吹拂着小草，小草弯腰说谢谢。

来到这里，安然一步也不想走了。他躺在草地上，双手交叉托着头，任由风吹着头发，看云朵变魔术。安心学安然的样子躺了下来，宝宝和贝贝在他们身边也躺了下来。大家尽情享受着此刻的美好。

小蘑菇人宝宝和贝贝躺在软软的草地上，这可是他们第一次看到这么美丽的草原，比他们的村子可大得太多了。身边都是葱绿的小草，每棵小草都生机勃勃，宝宝和贝贝感觉自己变得和小草一样葱郁而灵动了。

安然和安心躺了一会儿，然后在草原上奔跑起来，就像草原上的小马一样。欧阳院长安安静静地在大树下打起了太极拳。这一动一静，竟如此和谐。

“快来啊！大家快来看啊！”突然，大家听到了安心的叫声。宝宝和贝贝一骨碌从地上爬了起来奔过去，安然也急忙跑过去，着急地问：“发生什么事了？”

“看，这里。”安心在欧阳院长休息的大树下发现了一个路牌，上面写着：**向东 100 米**有惊喜。

惊喜？什么惊喜呢？安然好像已经得到一个惊喜，开心得又跳又叫。

“那咱们快去看看吧！”宝宝看安然那么开心，也好奇起来，拉起贝贝背对着太阳跑去。

“错了错了，**早上太阳是从东边升起的**，你们跑向西边了，跑错方向了！”安心的话像一根线，一下就把两个小家伙拉了回来。

他们四个小伙伴手拉手，一起向着太阳走去。走到一棵树旁，安然指着树说：“我们面朝东的时候，我们的右边就是南面。你们看看，这些南面的树叶和北面的树叶有什么不同？”

“南面的树叶比北面的多，长得更茂密！”贝贝仰着头，转着圈地看。

“在野外，仔细观察就会发现，大自然在很多地方都给我们安排了指南针！”安心嘴里夸着大自然，大拇指却指向了贝贝。

“我也要找找大自然安排的指南针。”宝宝见贝贝得了表扬，扭头就去找了。

“看，这边山坡的小花已经开了，那边的小花还是小花苞，开花的是南边，小花苞的是北边，我说的对不对？”宝宝大声说。

“对！**南边阳光充足**，温暖一些，花开放得早一些。”安心赶紧给宝宝竖起大拇指。

四个小朋友一边走一边找。真是神奇，仔细观察，果然如安心所说，大自然里有很多“指南针”。

不一会儿，他们在草丛里发现了一块石

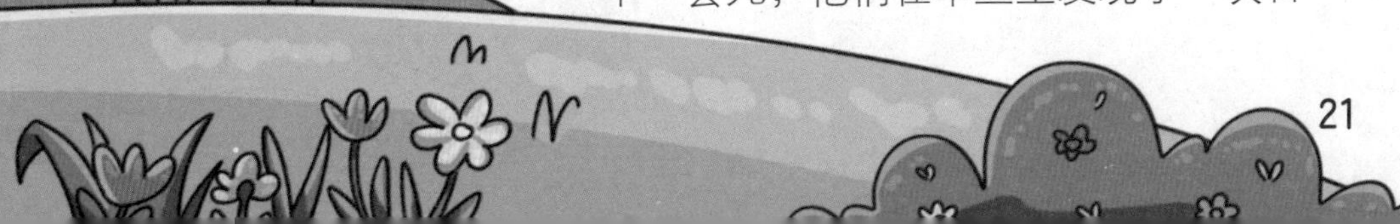

碑。拨开石碑上覆盖的藤蔓，仔细一看，石碑上写着这样一段话：

欢迎来自神奇学院的小朋友们！

你们好！

听闻你们帮助蘑菇村的村民用最小的代价购买了庇护棚和神奇雨衣，为你们的智慧点赞。为了表达对你们的谢意，我们在草原中为你们准备了旅途休息的小农庄——神农苑，但是找到神农苑不是一件简单的事情，需要你们的智慧。

“太好了！这可真是一个大惊喜啊！”安然大声欢呼起来。

“别高兴太早，上面不是说了，能不能找到还得靠智慧呢！”安心赶紧给安然泼冷水。

大家走了很长的路，现在突然冒出一个农庄可以让他们休息，这简直是天上掉馅饼的好事！安然依然很兴奋。

宝宝和贝贝第一次走出蘑菇村，对于农庄还不太了解，但看安然那么高兴，他们心中也充满了期待。

“先别开心得太早，这是一个考验，我们得找到农庄的地址才行。”安心担忧地说。

“问一问欧阳院长吧。”宝宝和贝贝提议道。

大家一起奔向大树，欧阳

院长正躺在树下休息。安然说了惊喜，安心说了困难。

“既然是想考考你们，你们就尝试独立解决问题吧。你们俩是神奇学院最优秀的学生，我相信你们一定能找到入口，我等着你们的好消息！”欧阳院长说完伸了伸懒腰，又闭上了眼睛。

“对，我们要**凭借自己的能力来解决问题**，不能一遇到问题就想让别人帮助。”安然说。

“宝宝贝贝，你们去东边的村里问一问，看能不能获得新的线索；安心，我们再到石碑那边找找有没有遗漏的线索。现在是上午 9 点，9 点 30 分的时候，我们在大树东面的四季亭集合。现在我们就分头行动吧。”安然展现出的领导力让大家信心倍增。

半小时后，四季亭中，几个小脑袋凑在一起，讨论得热火朝天。大家把找到的线索进行汇总。

安心：入口在月亮湖的**西南**方向。

安然：入口在石墩桥的**东面**。

宝宝和贝贝：入口在桃花林的**南面**。

安心听完眉头一皱，疑惑地说道：“我们每个人找到的线索，指向的方向都不一样，我们该往哪个方向找呢？”宝宝和贝贝也是你看看我，我看看你，不知道如何是好。

安然沉思片刻后说：“大家还记得村里建筑的位置吗？我来画一个地图，大家一起把它找出来吧！”

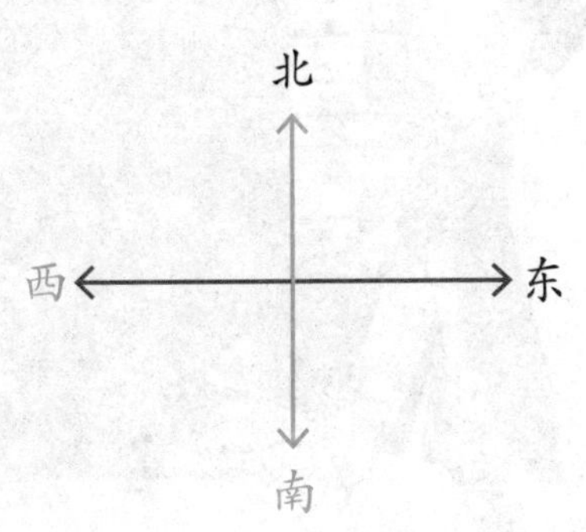

“我会画图！”安心兴奋地说，“我知道画一张地图首先得确定东、南、西、北

四个方向以及参照物，上北、下南、左西、右东，可西南是什么方向呀？”说到这里，安心停住了画笔。

“在地图中，我们习惯用**上北、下南、左西、右东**来建立方位，西面和南面之间就是西南方向。”安然在地图上边写边解释。

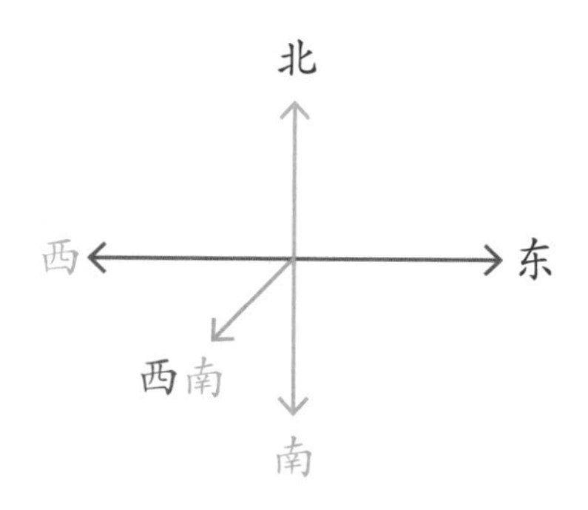

“同样的道理，那东面和北面之间就是东北方向啰。”安心手托下巴第一个抢过话。

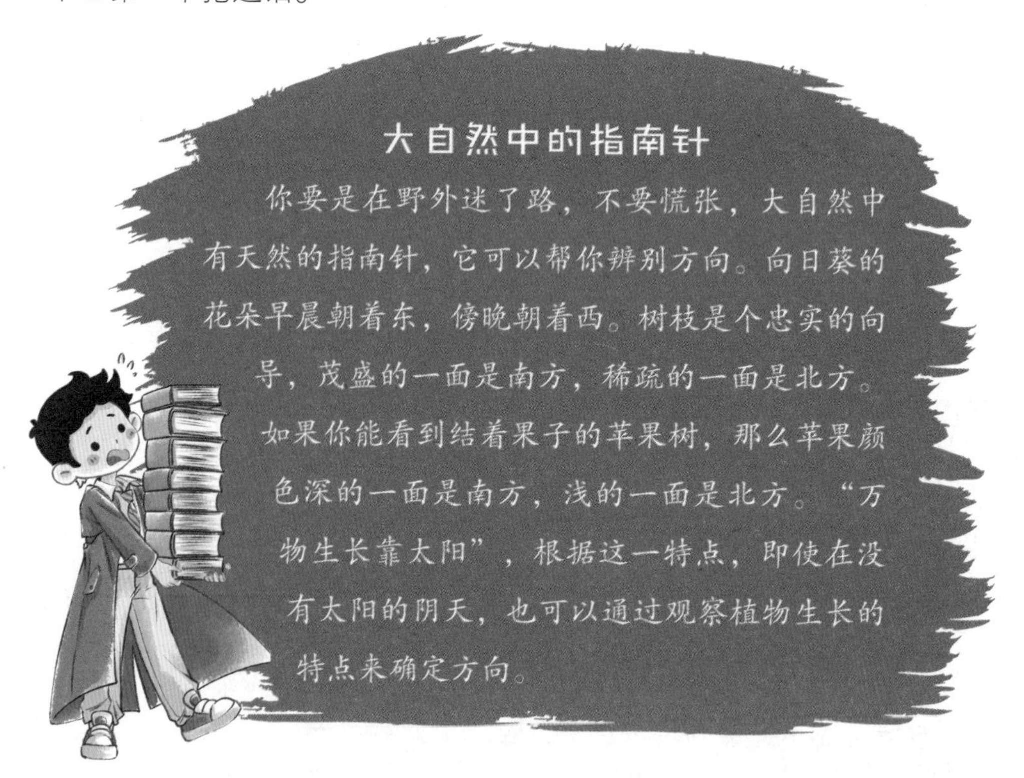

大自然中的指南针

你要是在野外迷了路，不要慌张，大自然中有天然的指南针，它可以帮你辨别方向。向日葵的花朵早晨朝着东，傍晚朝着西。树枝是个忠实的向导，茂盛的一面是南方，稀疏的一面是北方。如果你能看到结着果子的苹果树，那么苹果颜色深的一面是南方，浅的一面是北方。“万物生长靠太阳”，根据这一特点，即使在没有太阳的阴天，也可以通过观察植物生长的特点来确定方向。

“那东面和南面之间就是**东南方向**啦。”宝宝也不甘落后。

“我也知道，我也知道！”贝贝争着喊道，“北面和西面之间就是北西方向吧！”

贝贝刚说完，宝宝就摇头说道：“贝贝，数学上我们称西面和北面之间为**西北方向**。”

“哦！”贝贝点头应道，“我知道啦，是西北，不是北西。”

“好了，现在搞清楚方向了，大家赶紧来把地图补充完整吧。”安然催促道。

有了方向，一张地图很快就画了出来，然后再根据线索标上各个位置。桃花林在最北边，熊熊家在最南边。

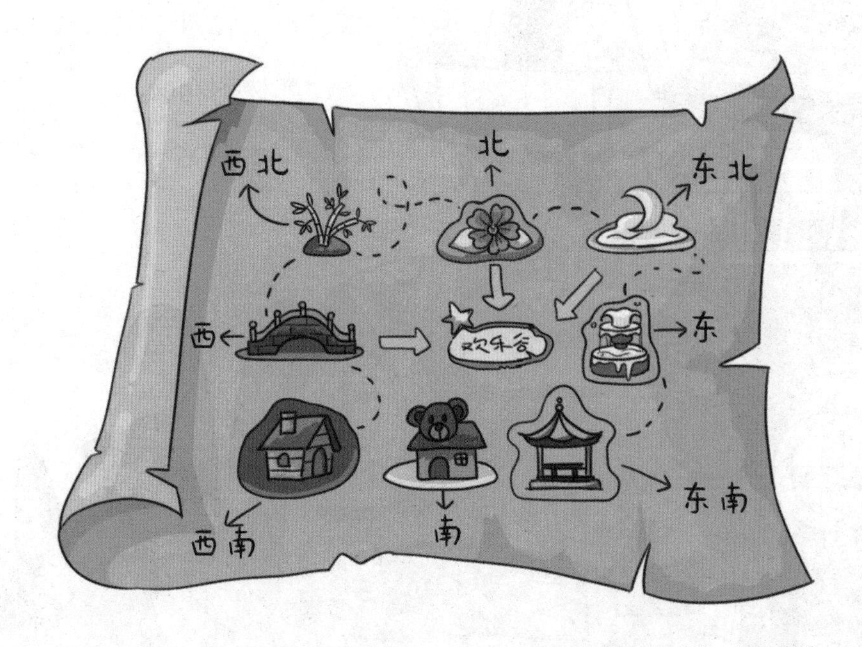

看着这张图，宝宝说：“入口在月亮湖的**西南**方向，月亮湖的西南方向有欢乐谷和小木屋。”

“入口在桃花林的**南面**，桃花林的南面有欢乐谷和熊熊家。”贝贝接着说。

“入口在石墩桥的***东面***，石墩桥的东面有欢乐谷和音乐泉。”安心说道。

“哈哈，知道了！入口在欢乐谷！”大家根据提示找到了入口所在地，兴奋得手舞足蹈。

“我们现在在四季亭，新的问题来了，走哪条路到欢乐谷最近呢？”安然开始寻找合理路径。找对了路，可以节省大家的体力和时间。

宝宝指着地图说：“我们

可以**先向北**走到音乐泉，**再向西**走到欢乐谷。”

“是的，也可以先**向西走**到熊熊家，**再一路向北**就能到达欢乐谷了。”贝贝也找到了通往欢乐谷的一条路。

“出发！奔向欢乐谷，去神农苑！”安然举起右手，用力向前一挥，小伙伴们一起往前走。他们就像走在希望的路上，胜利的喜悦洋溢在每一张小脸上。

“欧阳院长，赶快跟上！”被催促的欧阳院长满意地点点头，赶紧跟了上去。

有了地图的帮助，大家在安然的带领下很快来到美丽的欢乐谷。欢乐谷门口的墙壁上挂着一面大钟，正好指向 10 时。守门的老爷爷已等候多时，他看了看钟面，用缓慢而又嘶哑的声音说：“神农苑的入口在大门的**10 点钟方向**。”宝宝和贝贝异口同声地说：“那就是在大门的西北边！”

“以欢乐谷大门为正中心，如果 12 时在圆心的正北方，那么 6 时就在圆心的正南方，3 点钟方向是圆心的正东方，9 点钟方向是圆心的正西方。那么 10 点钟方向就在大门的西北方向。”安心一边解释一边带着大家往 10 点钟方向走去，很快就找到了神农苑的入口。

跨过一道高高的门槛，一座漂亮的庄园出现在大家眼前。庄园前面有两个门柱，撑起高高的三角形屋顶，看起来高大而气派，整个庄园熠熠生辉。

哇！这里太漂亮了。大家可以在这里好好休息几天啦！

数学小博士

为了寻找神农苑的入口，小伙伴们根据各种提示在纸上画了一张地图，先确定了上北、下南、左西、右东这四个方向，然后确定了东和北之间是东北方向，东和南之间是东南方向，西和南之间是西南方向，西和北之间是西北方向，根据方位的判断找到了神农苑入口所在地——欢乐谷，又根据几点钟方向最终找到了神农苑的入口。

小朋友们，在野外，我们也可以通过制作方向板的方法来确定某个位置，从而帮助我们顺利到达目的地。

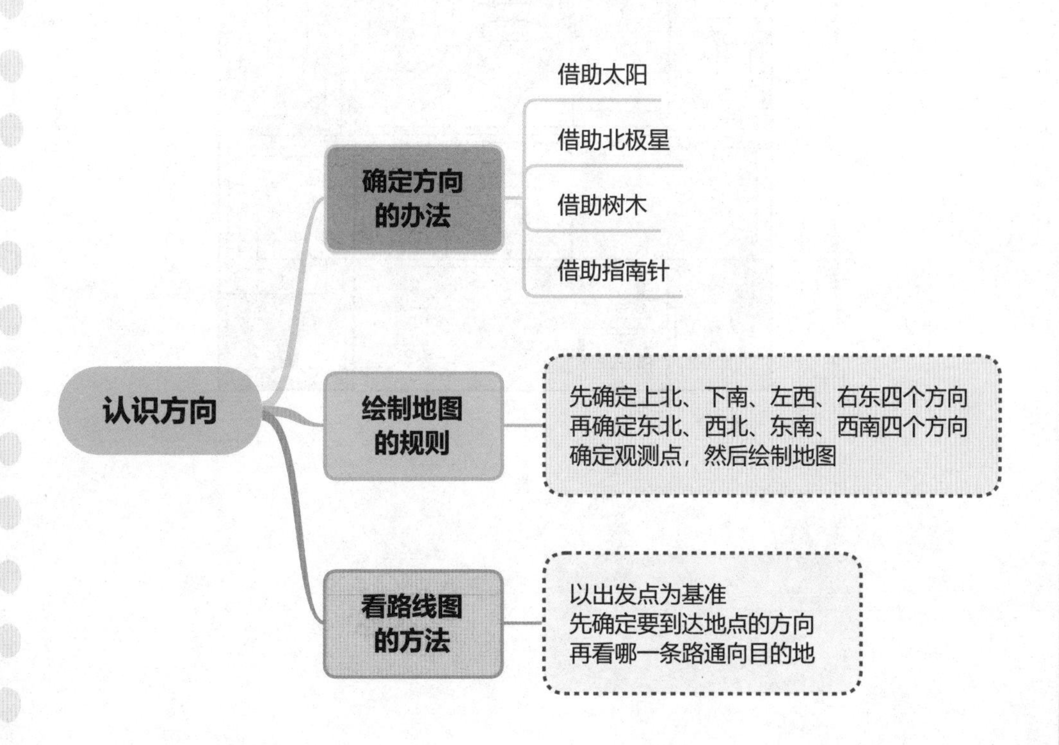

走进庄园，孩子们可乐坏了！这里不仅有干净舒适的房间，还有游乐园。“我的房间在哪里呢？”贝贝迫不及待地开始寻找了。神农苑里的安排真是贴心，走进门厅，就看到了房间指示图，旁边还有人员住宿的安排表。

房间示意图

人员住宿安排表

序号	人员	房间位置
1	欧阳院长	在客厅的西北面，在安心房间的西面
2	安然	在欧阳院长房间的南面，在宝宝房间的西面
3	安心	在客厅的北面，在安然房间的东北面
4	宝宝	在客厅的东北面，在贝贝房间的南面
5	贝贝	在客厅的东北面，在宝宝房间的北面

大家看着房间示意图和安排表，居然有这么多的方向，不由得感觉到一阵头晕目眩。还是安心比较镇静，她画了一张方向板，面朝北边，不一会儿就帮小伙伴们找到了各自的房间。

安然用方向板上的南面对着房间的南面，也找到了每个人的房间。安心和安然两个人的判断一致！你知道答案了吗？

温馨小提示

我们可以自己来制作一个方向板。

先拿出一张正方形的纸，对折3次，再在折痕的两端填上方向（如下页图）。怎么使用方向板呢？可以先在房间里找到南面，方向板上的南面对着房间的南面，再用方向板看看其他几个方向都有什么。

南面怎么找呢？一般我们居住的房子都有朝着南面的习

惯，因为我们喜欢向阳而住。如果实在不会找南面，那就看太阳喽！

早晨太阳升起的方向是东方，中午的时候，太阳在南边，下午的时候太阳逐渐西移，我们可以根据太阳的位置来确定方向。

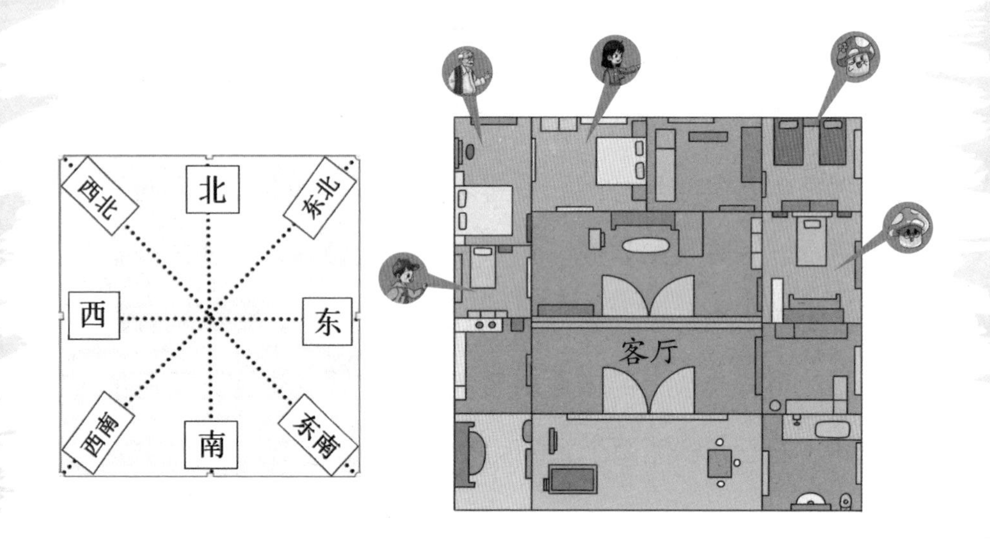

第三章

神秘书房

——角的初步认识

看到洁净又舒适的房间，每个人心里都喜滋滋的。不过，有一个问题让安然有点儿头疼。

宝宝和贝贝他们俩，像两个长着腿的问号，走到哪里就问到哪里，看见什么就问什么。有时候，两个小家伙意见不一样，还吵架……唉，真是头疼。每次他们吵架，安然就抱住头，恨不得找个地缝钻进去。

庄园里的房间很多很多，可贝贝非要住在书房里。宝宝觉得贝贝实在是太傻了，这么好的房间不住，偏要住小小的书房，自己多聪明呀，住的房间宽敞而又舒服。

宝宝猜贝贝住一个晚上就会后悔，后悔是迟早的事，他就等着看笑话了。

可几天过去了，他期待的笑话并没有出现。贝贝好像超级喜欢书房，经常待在里面不出来。她在书房里面干什么呢？宝宝想不明白。

他们俩从小习惯黏在一起，吵也好，闹也好，没有什么事情能让他们分开。可现在，没有贝贝，宝宝闲得发慌，就想偷偷地跑去书房看个究竟。

"咚咚咚……"宝宝敲了敲门，门却一动也不动。

宝宝急了，他用力敲，边敲门边喊："贝贝，你没事的话就应个声，要不然我就撞门进来啦。”

宝宝可不是开玩笑，说完，他双手捏成拳头，看了看门，又看了看拳头。

“你想进来也可以，先回答一个问题，答对了才可以进来。”书房里传来一个清脆悦耳的声音。

谢天谢地，是贝贝那熟悉的声音。

“快问吧，太小瞧我了，还有我回答不出来的问题吗？我可是聪明帅气的小蘑菇人宝宝！”

“现在是 9 点钟，***9 点钟时分针和时针之间形成的是什么角***？”

“这是什么问题？ 9 点钟，分针和时针之间是什么角？我的大脚？还是羊角、鹿角、马角……”

“哈哈哈……”里面传来了贝贝银铃般的笑声，“**角是一种平面图形**，可不是你说的那些角！回答错误，请回吧！”

宝宝可不是那么容易服输的，他蹲在贝贝房间门口，心想：她说的那个角，好像是一种图形，还是一种平面图形，和我见过的平面图形，比如长方形、正方形、平行四边形、其他多边形，还有圆形，有什么关系呢？肯定是有关系的。哎呀，我想不出来，去请教欧阳院长吧，他肯定能解决。

欧阳院长听了贝贝的问题，哈哈大笑起来。只见他笑着拿出笔和纸，在上面“唰唰唰”地画了一个图形，递到宝宝的面前说：“看，这个图形就是角。这是角的顶点，这是角的两条边，**角有一个顶点和两条边**。”

宝宝伸出手在纸上边指边

说："哦，这是角的边，这也是角的边，这是角的顶点。我会了，也不难嘛。可是，贝贝的问题是9点时，钟面上的分针和时针是什么角？"

欧阳院长说："角是有大有小的。"接着他又画了三个角：

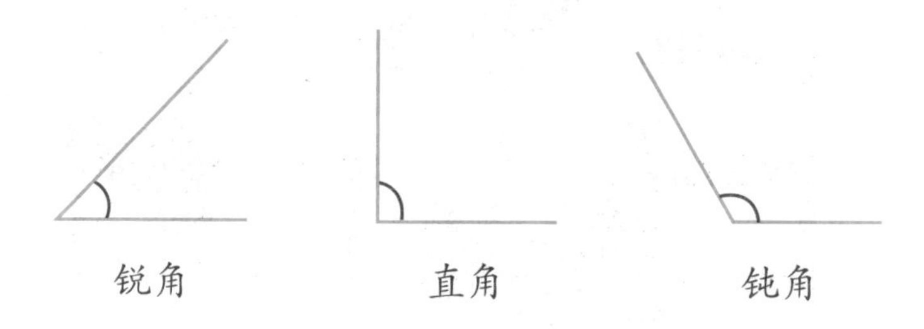

"当角的两条边叉开程度比较小时，像这样就是**锐角**；当角的两条边像这样垂直时就是**直角**，生活中直角有很多；当角的两条边比直角张开得还要大时，像这样就是**钝角**喽！"

欧阳院长拿出两根小木条，把一头钉在一起，笑眯眯地对宝宝说："现在就有一个神奇的活动角了。你可以试着用它研究锐角、直角和钝角。"

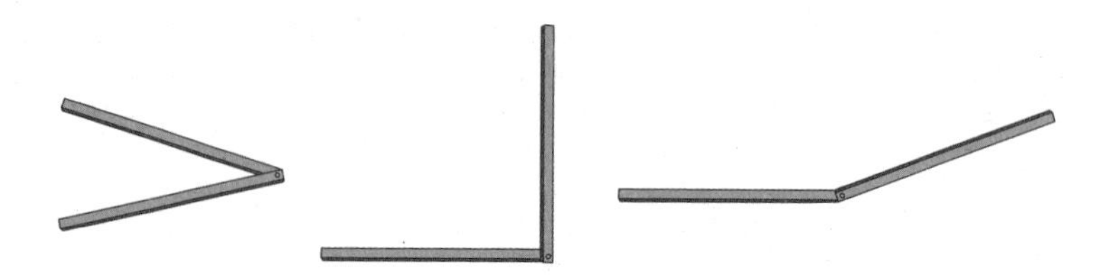

宝宝拿着活动角，一会儿喊着"大大大"，一会儿又叫着"小小小"，玩得不亦乐乎，连找贝贝的事都忘得一干二净了。

欧阳院长看他这样入迷，又接着说："角还有自己的符号呢！看，就是这样的小弧线。"欧阳院长指着纸上的角一一介绍。

"哦！我知道了，我知道答案啦！当9点时，时针和分针形成的角是直角！"宝宝瞬间懂了，"我还知道，当3点时，时针和分针形成的角也是直角，我的三角板上也有直角，我房间的门也是直角，前几天我们画的方向板上南北线和东西线也组成了直角……”聪明的宝宝一下子找到了**很多生活中存在的直角**。

“角其实就在我们身边，它的学问可大了。”听了欧阳院长的话，宝宝想起之前的回答，什么羊角、鹿角、马角，真是牛头不对马嘴呀。

宝宝打开欧阳院长的房门准备离开，门一打开，他突然想到什么重要的事情似的，走到门口，看了看，又往回走，门关到一半，又打开，打开看了看，又关小，他好像在思考着什么。欧阳院长皱着眉头看着宝宝一会儿开门一会儿关门，不明白宝宝为什么这样。

如此开门关门好几次后，宝宝指着房门说："欧阳院长，当我打开一点点房门，这个时候房门和地面形成的角是**锐角**；当我把房门开直的时候，房门和地面形成的角是**直角**；当我把房门全部打开的时候，房门和地面形成的角是**钝角**。"

"哈哈哈，在生活中的细节处找到学习案例，还能举一反三，宝宝，你可真是有心人呀！"欧阳院长看着宝宝，眼睛里闪着喜悦的光芒。得到了表扬，宝宝开心极了，急忙向贝贝的房间跑去。

这次宝宝能顺利进入贝贝的房间吗？

当然了！他答对了所有问题。

进入房间，映入他眼帘的是满墙的书柜和书柜里满满的书：《聪明故事》《神奇数字》《魔力数学》……

他羡慕起贝贝来，贝贝是多么聪明呀，选择住进书房。自己多么傻呀，竟然还想看贝贝的笑话。

宝宝和贝贝一起看起书来，徜徉在知识的海洋里。时间过得飞快，他们忘记了斗嘴，也忘记了吃饭。看了太长时间，宝宝起来活动活动腿脚。

“贝贝，这个放大镜是不是坏了呀？”宝宝拿起放大镜说，“你看，我用放大镜看这个直角，发现它并没有被放大呢。无论怎么看，它还是直角！”

放大镜，就是看什么都能放大的呀。看点变大，看线变长，看角

奇怪的“三角形”

这个“三角形”长得有些奇怪。三角形是在上还是在下？在外面还是在里面？很多同学可能就看糊涂了。这个神奇的三角形被称为“彭罗斯三角”，是一个三角形的不可能物体，是由可以在透视画中描绘的物体组成的光学幻觉，不可能作为一个固体物体存在。这是一种视错觉，是当人观察物体时，基于经验主义或不当的参照形成的错误判断和感知。

也会放大，比如 45° 的角，放大一倍，应该变成 90° 才对呀！可是这角没有变大，一定是放大镜坏掉了。

贝贝放下书，接过放大镜，学着宝宝的样子对着直角看了起来。

“咦，真是呢！”贝贝一连看了好几次，也觉得很奇怪。

他们在纸上画了一个锐角，再用放大镜看。虽然看起来角 2 比角 1 要大一点，但他们认真对比了一下，放大镜下的角和原来的角**开口大小是一样的**，不同的是放大镜下的角的边长了一些。宝宝超级认真地观察，得出了上面的结论。

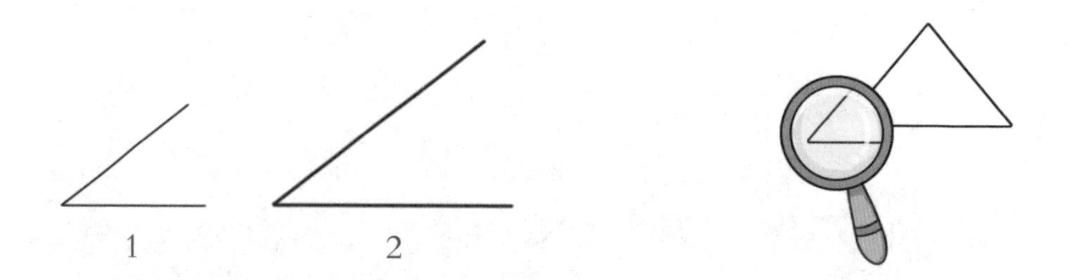

贝贝非常确定，这个放大镜绝对没有坏，她用放大镜看一些字小的图表，图表上的字就变大了。

这难道是角的奥秘？想到这里，宝宝觉得角的世界真是太神秘了，就和数学一样，里面藏着许多秘密。

去问问院长？

不，宝宝轻轻地摇了摇头，院长说过，要学会独立思考，独立解决问题。

“贝贝，这个问题我们自己想办法解决好不好？”宝宝着急地看着贝贝说。

“好呀，可我们怎么解决呢？”说着，她的眼睛望向了书柜上的书，“看，这里放着的可是知识宝库，我们查查这些书，从中找答案吧。”

他俩找到一本名叫《魔力数学》的书。看过书后，他们谈论了一番，现在知道了：**角的大小和角的边长没有关系**，只和两边叉开的大小有关。用放大镜看角的时候，只把角的边放大了，两条边叉开的大小没有变，角的度数也不会变。**用放大镜看一个角，角是不会变大的**，并不是放大镜坏了。

这真是一个惊人的发现呀！宝宝和贝贝太想和其他人分享这个秘密了。这时，安然和安心从外面回来了。看到安然手里拿着的扇子，宝宝一蹦三尺高：“哈哈，我又找到了一个活动角！折扇的角可以随意变大变小，它打开时角最大，合起来时角最小或者没有了。”

看到大家讨论得这么热烈，欧阳院长也走了过来，他给每个小朋友带来了一张长方形的纸。他说用这张纸可以玩一个游戏：剪掉一个角，数一数这张纸还剩几个角。比一比，看谁的剪法多。

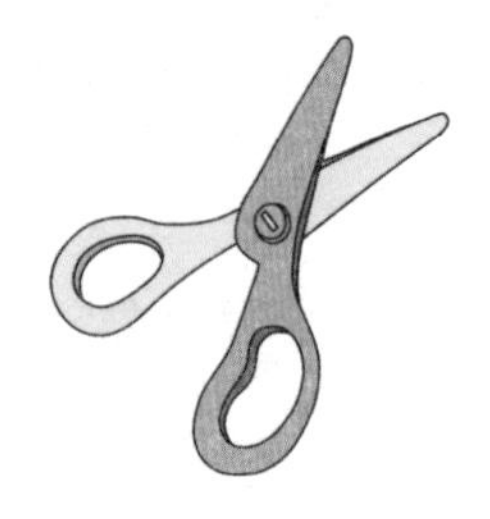

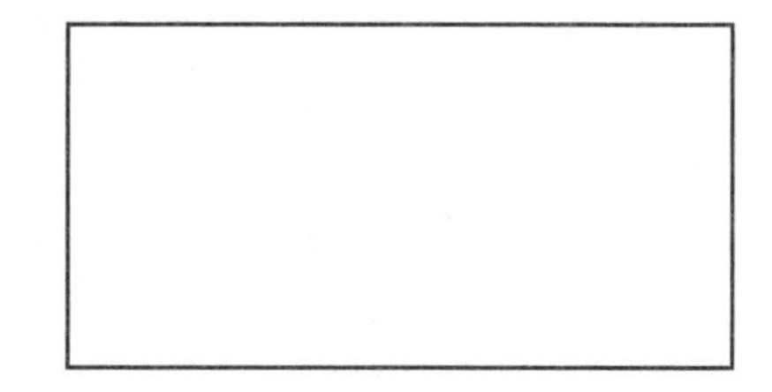

“这个很简单嘛！你看，我只要剪掉一个小三角，这张纸就有 5 个角了。”安然一边剪一边说。

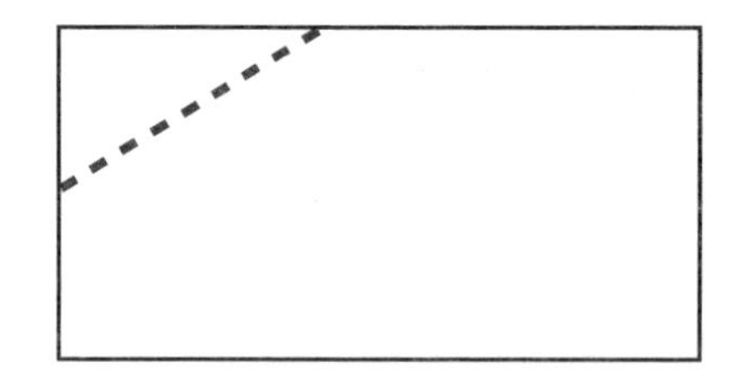

其他几个小朋友很快给出了自己的剪法。

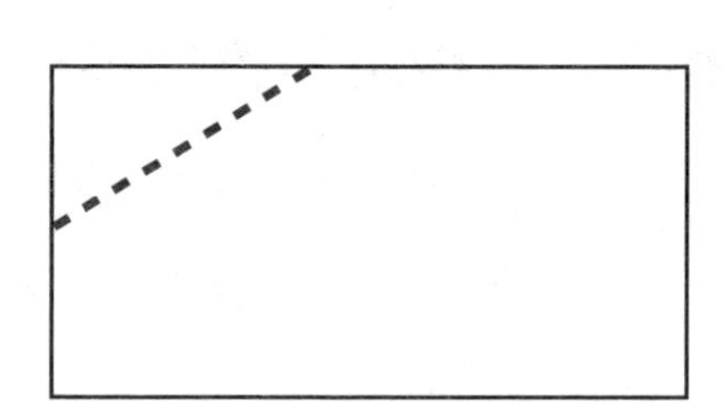

还剩下 5 个角

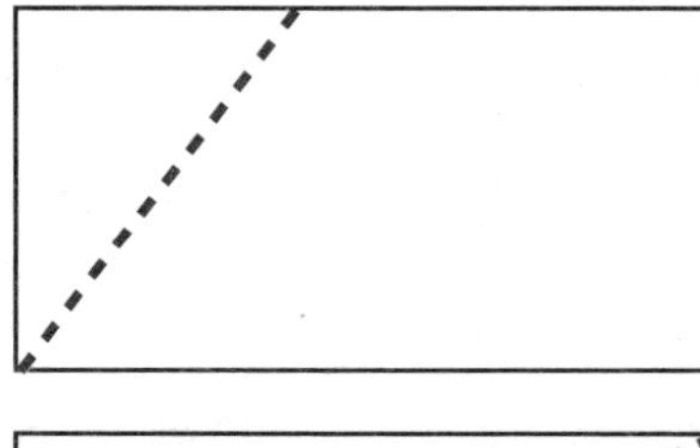

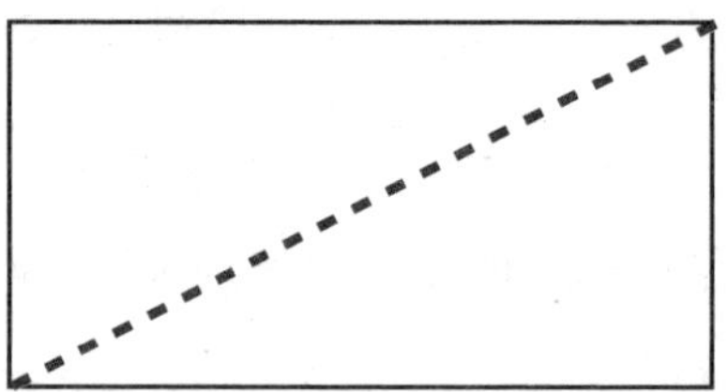

还剩下 3 个角

这个游戏太有趣啦！

剪完纸，他们又在庄园里找起角来，这一找不得了，庄园里好像打开了一个角的王国，到处都藏着角。

欧阳院长告诉大家，角一直就存在于我们的生活中，心里有角，眼里才看得到。做生活的有心人，就会发现生活的奇妙。

数学小博士

贝贝住进了农庄的书房里，书房里有许多有趣的书。她抓住这个好机会，认真学习，学到了角的知识，并带着宝宝一起探究角的秘密：角是一种平面图形，它有一个顶点和两条直直的边。角是有大有小的。角的大小和角的两条边叉开的大小有关，和角的两条边的长度没有关系。角可以分成锐角、直角和钝角。

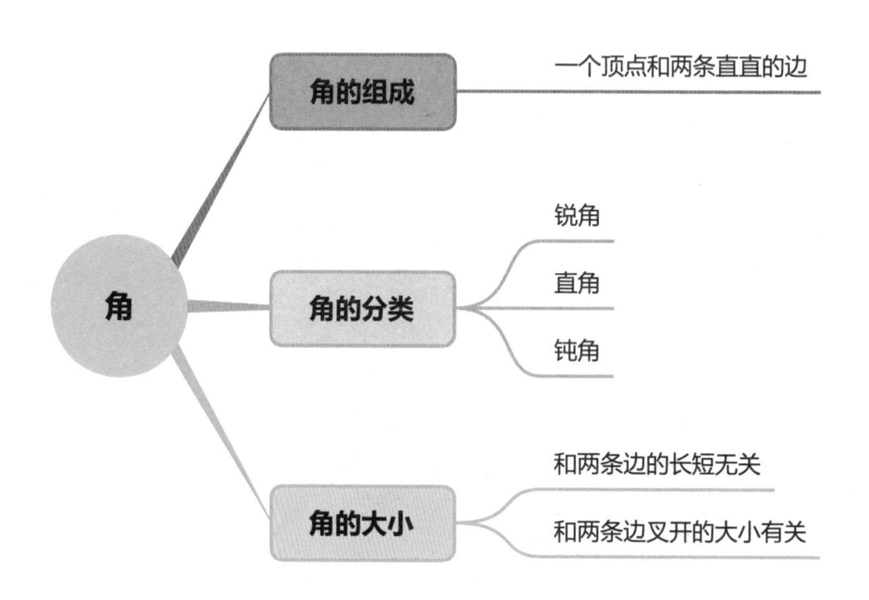

欧阳院长带领小朋友们在农庄里找到了许许多多的角，大家发现所有的直角都是一样大的。在生活中，直角可以说是无处不在。欧阳院长告诉大家: 角有大有小，我们可以用一种工具去度量，这个工具叫量角器。所有的直角都是 90°，大于 0° 且小于 90° 的角叫锐角，大于 90° 且小于 180° 的角叫钝角。所以锐角＜直角＜钝角。以后我们还会认识更大的角呢!

角的知识真是太奇妙了。宝宝和贝贝发现三角形有 3 个角，四边形有 4 个角，五边形有 5 个角，六边形有 6 个角……N 边形就有 n 个角。看到小朋友们在数角，欧阳院长画了一个图，让大家数一数，图形里一共有几个角。

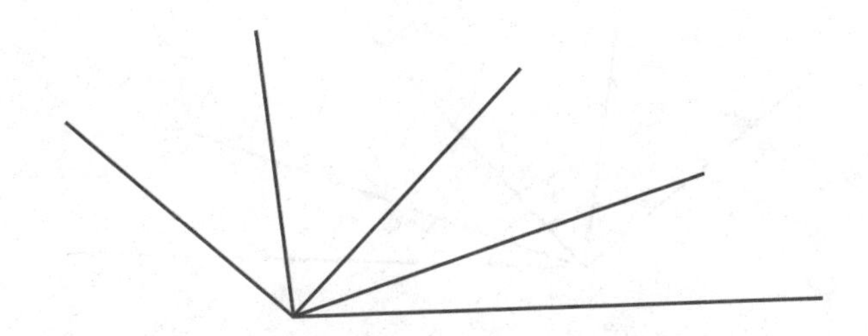

宝宝和贝贝异口同声地喊“4 个”，安然和安心可不这么认为，他们觉得欧阳院长的问题一定不会这么简单的。

小朋友们，还记得二年级的时候我们数长方形的情景吗？

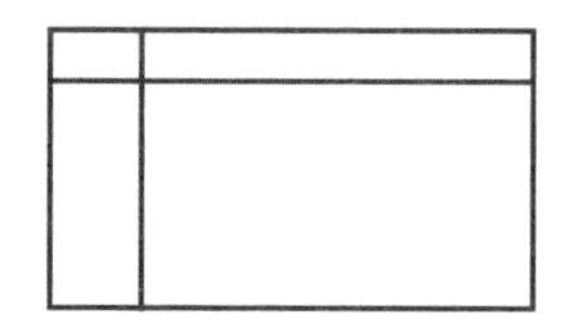

数长方形的时候，我们除了数单个的长方形，还可以数两个长方形拼成的长方形，还可以数几个图形拼成的长方形，上面的图形中一共有9个长方形。

那么数角也一样，除了数单个角之外，还有两个角组成的角，还有3个角组成的角，以此类推。

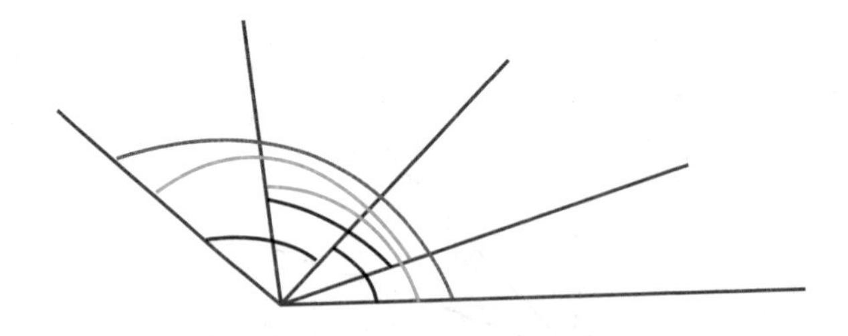

所以，在这个图形中，单个角有4个，2个角组成的角有3个（如黑色小弧线表示的角），3个角组成的角有2个（如蓝色长弧线表示的角），4个角组成的角有1个（如紫色大弧线表示的角），所以一共有4+3+2+1=10（个）。

这个数角的方法你学会了吗？在上面的图形中再添一条边，现在的图形里一共有多少个角呢？用上面的方法试一试，看看你能发现什么规律。

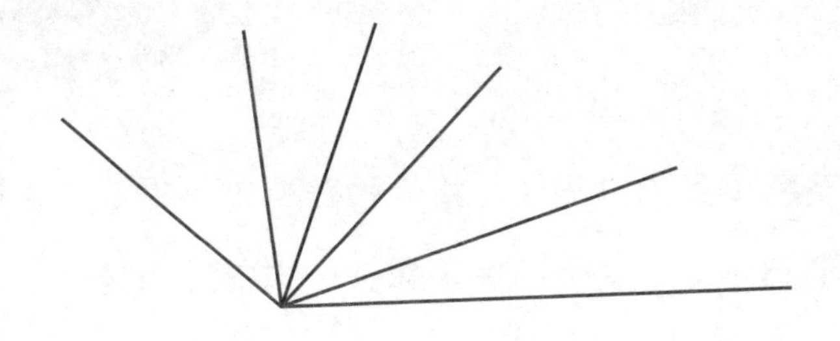

第四章

密室逃脱

——认识周长

宝宝太羡慕贝贝的书房了，整天赖在那里不肯走。安然和安心也不例外，他们都爱上了这个书房。翻开一本书就像打开一扇门，进入一个新的世界，新的知识深深地吸引着他们，让他们都忘记了游玩。

书房的墙壁是绿色的，透亮的玻璃让外面的绿树也一览无遗。书柜上放着一排排书，这简单的书房成了他们的乐园。在这里，他们一起阅读，一起游戏，一起讨论数学知识。秒针一刻不停地奔跑着，分针走了一圈又一圈，时针走了一格又一格，大家沉浸在知识的海洋中忘记了时间。

突然传来“呀”的一声，循着声音看去，宝宝正一手拿着放大镜，一手拿着直尺，在第二层书架上使劲地捣鼓什么。

“快看，这本书被什么东西粘住了。”宝宝说的书叫《密室逃脱》，他想拿出来看看，可无论他使多大的劲，书就像被神秘力量控制了一样，一动不动。

安然走过来说：“我帮你拿吧！”可无论他怎么使劲也拿不出来。安心也上去帮忙，两人一起用力拉了起来。

“一、二、三！”这本书还是纹丝不动。

“难道这本书有魔法？”宝宝自言自语时，安然拿着书向东边一转，再一拉，书被拿下来了。

“哇！还真有秘密机关啊。”安然此话一出，四人八只眼睛都紧紧盯着这本书。

到底有什么秘密机关呢？

书的后面竟然有一扇门。这是通向哪里的暗门呢？里面有什么宝藏吗？大家想去一探究竟。安然走在最前面，安心牵着贝贝紧随其后，宝宝手里拿着直尺和放大镜走在最后面。

入口狭小，安然和安心都需要侧身进入，宝宝和贝贝则刚刚好。没走几步，里面竟然豁然开朗起来，原来这里才是真正的书房啊！准确地说，这是一个巨大的图书馆，里面有数不清的书架，有数不清的书。

大家欢呼起来，奔跑着，像饥饿的人扑向食物一样奔向书架。

时间一点一滴地过去了，随着肚子“咕噜咕噜”的叫声，宝宝第一个喊着要吃饭。大家抬头看看钟，发现他们进入这个秘密图书馆已经一个上午了。大家收起书，向出口走去，然而出口的暗门却关闭了！他们使劲推、拉，大声呼喊，但无济于事。

“怎么办呢？我肚子真的好饿啊。”宝宝急得要哭出来。

“欧阳院长也不知道书架后面有个暗门，更不会想到我们在这里呀。”安然也着急起来。

“你们快看，这门上有图案，这个或许可以帮我们。”顺着安心手指的方向，大家看到一个**三角形图案**。

“这图案又不会说话，我们怎么知道要干吗呀！”宝宝急得喊起来。

安然伸手一摸，三角形竟然亮了。“**请描出三角形的周长**，再按三角形图案确认，您还有两次机会。”一个声音说。

周长？周长是什么呢？宝宝想着，忍不住伸手去摸那个三角形。

“描线错误，您还有一次机会！”小喇叭里传出了警告的声音。

“啊……”一阵惊叫声中，宝宝吐了吐舌头，悄悄地退到了旁边。

“安心，还是你来吧！”大家一起把目光投向安心，都知道她是最冷静、最细心的。

可是这次，安心也没了主意，她也不知道周长是什么，更不知道三角形的周长要怎样描。

“只有一次机会了，如果再描不对，我们会永远被困在这里吗？”贝贝说话声音都抖了起来。

“不会的，我来试试！也许是你们力气太小了，没描好！”安然说完，用力去摸三角形，刚过两秒，声音又响起了：“描线错误，暗门已关闭，半小时后，需要开两扇门才能出去！”

“啊——”又是一阵惊叫。

“我们不能这样胡乱猜了，*什么是周长*？这应该是数学知识，大家快去书架上找找有关这方面的书吧！”安心带头去找书。

图书室里安静极了，除了翻书声，什么声音都没有。突然，一阵“咕噜”声响起，把大家吓了一大跳。原来宝宝的肚子又开始咕噜叫了。

“我找到了，周长是指封闭曲线一周的长度。”贝贝惊喜地叫道。

“*封闭图形一周的长度就叫图形的周长*。”宝宝也看到了。

“我们在操场上跑一圈，那一圈的长度就是操场的周长。”安心说。

“描周长，就像跑步一样，从起点跑到终点。”安然边说边用手指比画起来。

“周长用的是**长度单位**，比如厘米或者米等。”宝宝又说。

“如果想知道一片树叶的周长，可以用毛线沿着树叶的边围一圈，量出毛线的长度就是树叶的周长。”安心说，“这是一种化曲为直的方法。”

“我知道了，这是一个图形密码锁呢！”安然第一个冲向密室门口，用手小心地从三角形的一个顶点开始，绕着三角形的外形描了一圈，又回到起点。

“叮”，密室的门开了一道缝，大家轻轻一推门就开了。

大家欢呼着走出这道门，可紧接着又有一道门挡在他们面前，这应该是刚刚提示里所说的惩罚。

这道门上画着一个长方形图案。

“小菜一碟！”宝宝伸出手指，学着刚才安然的样子去描。

“密码错误，请输入长方形的周长数据！还有两次机会！”小喇叭又响起。

“啊？这次不是图形密码，改成数字密码了。我们算出长方形的周长，输入数据就好。”安然指着门上的数字键盘说道。

“这个简单，我们量出长方形的长和宽，再把四条边的长度加起来就好了。”贝贝说，“也就是**长＋长＋宽＋宽**。”

“贝贝说得对！我们也可以先算一条长加一条宽，把得到的和再乘2就可以了！”安心补充道。

“你的办法比我的简单呢！”贝贝鼓起了掌。

“你们俩的方法都是对的。可现在的问题是，我们用什么来量长方形的长和宽呀？”安然沮丧地说。

“哈哈哈……看我的，我真是太聪明了！”宝宝拿出直尺在众人面前晃了一晃，神气地走到最前面开始测量。

不一会儿，他就测量出了数据：长方形的长是5厘米，宽是3厘米。

贝贝快速地算了起来：长方形的周长是5+5+3+3=16（厘米）。

安心是这样算的：5+3=8（厘米），8×2=16（厘米），或者8+8=16（厘米），过程不一样，但结果一样。

安然在长方形图案上小心地输入数字“16”，“叮”的一声响起，但这次门并没有开启，而是出现了一个正方形。

“还有一关呢，咱们继续量！”

宝宝测得正方形的边长是4厘米。

“也是16厘米！”贝贝很快说出了答案。

“贝贝，这次你又是怎么算的呢？”安心问。

“4×4=16（厘米），**正方形的四条边都是一样长的**。”贝贝得意地回答。

“贝贝这次没有用四条边相加的方法，而是选择了简单的方法来计算正方形的周长。你真棒！”安心一边称赞贝贝，一边输入数字16。第二道门终于打开了。

大家都能做到的步测

一般来说，人们的步幅（1步的长度）是相对固定的。所以，在没有测量工具的情况下，我们可以利用步幅来测量一段距离。比如围着学校外围走一圈，可以测量学校的周长。我们还可以测量从家到学校的距离。首先，测量一下自己的步幅。然后，数着1步、2步开始步行。步幅乘步数，就是距离。在测量的时候，一定要注意安全。

推开门，欧阳院长已经准备好了晚餐等着他们，好像知道他们这一刻会出来，而且还知道他们已经饿得肚子咕咕叫。书桌变成了餐桌，丰盛的晚餐正冒着热气招呼他们呢。四个饥肠辘辘的小伙伴一拥而上，狼吞虎咽地吃起来。

数学小博士

四个小伙伴一起在书房里看书，误入密室，没有想到密室里是一个更大的图书馆。回书房时，孩子们被两道密码门难住了，在破解密码的过程中，孩子们学习了什么是周长：周长是围绕图形一周的长度。长方形的周长就是两条长和两条宽的总长度，长 × 2+ 宽 × 2，或者（长+宽）×2。正方形的周长用边长 × 4 就可以了。小朋友们，三角形的周长怎么算呢？

是的，只要把三角形的三条边加起来就可以了。

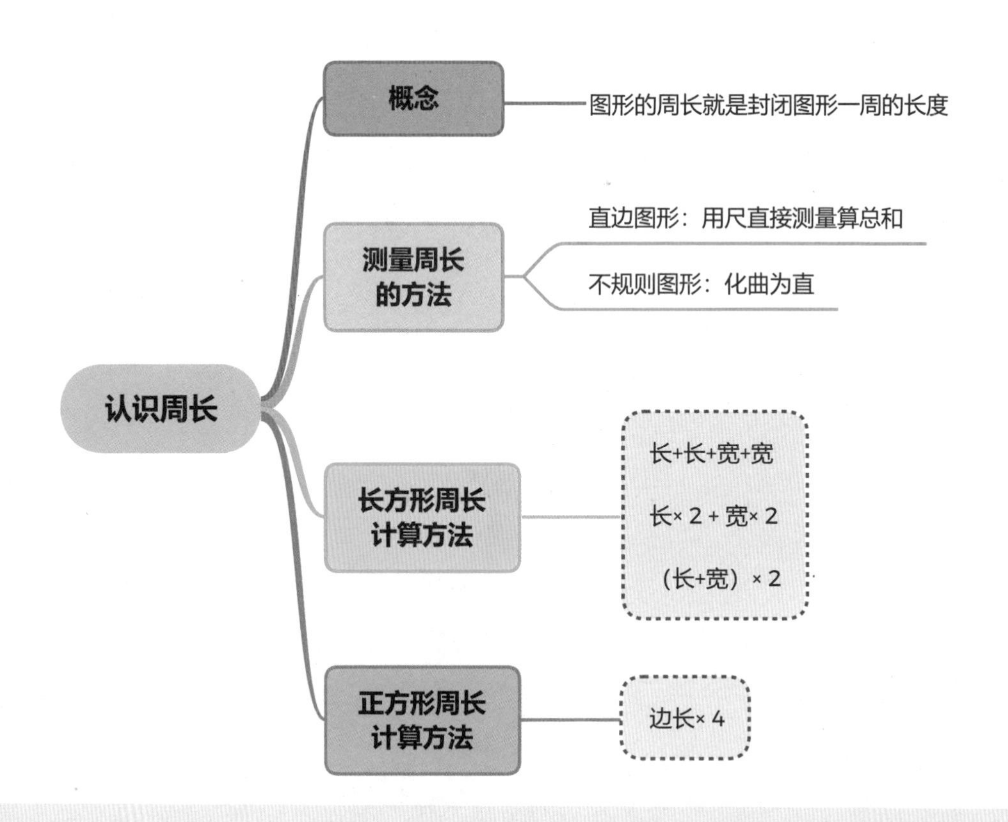

吃过晚饭，欧阳院长说："孩子们，你们在密室里看书的时候，农庄门口小花坛里面的花被小神兽糟蹋了，真是太可惜了。"

"我们救救小花吧！"宝宝说。

"要怎么救呢？"贝贝小声地问。

"我们四个手牵手，围成一个城墙，让小神兽不能进入花坛。"宝宝说着，就伸手去拉贝贝的手。贝贝却甩开了他的手说："你这出的是什么主意，说跟没说一样。"

"宝宝的主意很好，如果稍稍变换一下就……"

"我知道，我知道，给花坛围护栏。"没等欧阳院长说完，安然喊了起来。

"做护栏先要算出花坛的周长。"安心说。

"对，我们要买多少材料，这个需要先计算周长呢。"安然说着，拉起宝宝，测量起花坛来。

仔细看，花坛是这样的：有两个相同的长方形，长是8米，宽是3米，按下图所示重叠在一起。这个花坛的一周需要多少米的护栏呢？

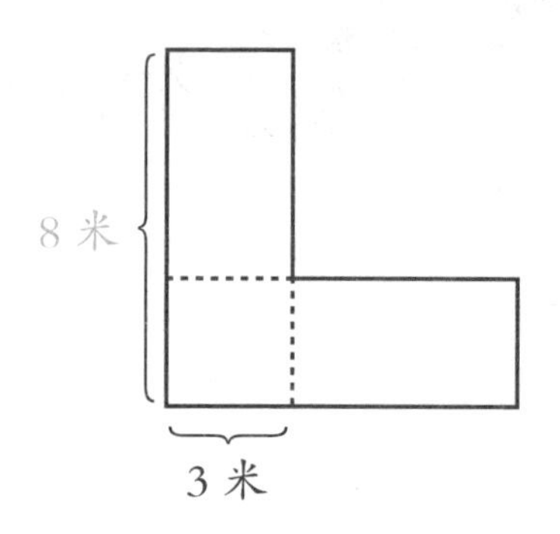

温馨小提示

宝宝和贝贝一看这个L形花坛，立刻跑回院子找长绳子，院长告诉他们可以用化曲为直的方法测量花坛的周长。

安然和安心围着花坛走了几圈，四目一对，有了一个好主意：巧求周长，来个魔法大转移——还原平移。

如下图所示：平移两条边，就变成了一个边长是8米的正方形，所以花坛的周长是8×4=32（米），需要32米的护栏。

还没等宝宝和贝贝找到长绳子，安然和安心已经把问题解决了，他们计划明天一早跟着欧阳院长买护栏去。

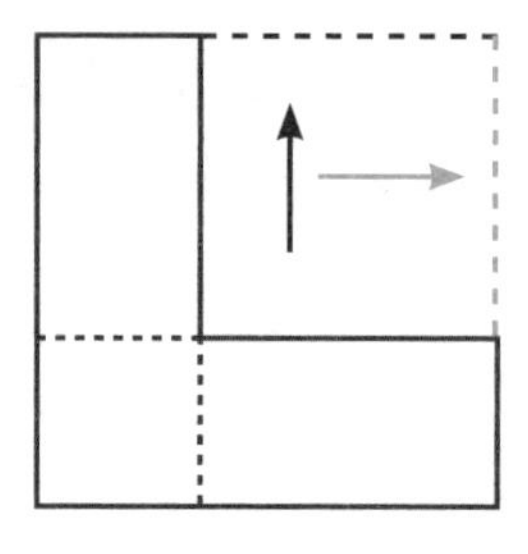

第五章

05

小花园大发现

——认识分米、毫米

第二天清晨，阳光从密密层层的枝叶间投射下来，地上印满了铜钱大小的点点光斑。温暖的阳光也照进了孩子们的房间，几只小鸟在窗边清脆地鸣叫着，好像在呼唤大家该起床啦！

欧阳院长轻轻推开窗户，一股新鲜而又芳香的空气扑面而来。

农庄里的小神兽很调皮，跑进花园里，踩坏了奇花异草，还吃掉了一株珍贵的魔法草。看着花园

里一片狼藉，欧阳院长心疼坏了，决定给花园装上护栏。

“孩子们，我们把护栏买回来以后，用什么工具来安装呢？安装护栏的时候还需要哪些零件呢？安然，你先带小伙伴去花园看看，列一张购物清单吧！”欧阳院长抚摸着白胡子，用提问的方式引导孩子们做好准备工作。

贝贝跑到书房，找到纸和笔，开始记录：

1. 护栏长 32 米。

……

“昨天我们确定了要买 32 米的护栏，虽然护栏的长度确定了，但要有多高的护栏才能拦住小神兽进去呢？太高的话比较费材料，也不好看。”安心果然细心，想到了高度问题。

安然跑到花园边比画了一番，又跑回来张开双臂开始比画：“老师曾经教过我们，说这样是一庹（tuǒ），护栏高一庹就可以。”

“一庹是多长呀？”宝宝也学安然，伸开两个手臂问。

“**一庹大约是 1 米长**。”安心张开两手，转着圈，边转边说。

宝宝和贝贝也张开双臂，一边比画一边自言自语：“这个叫一庹，大约是 1 米……”还没等他俩说完，安然就打断了他们：“你们的一庹和我的一庹相差很大呢！”

“为什么呀？”宝宝和贝贝不解地问。

“因为我的手臂比你们的长呀。”

原来，**一度的长度和人的身高、臂长有关**。

安心看着安然的双臂，估算道：“我觉得70厘米到80厘米就够了。”

“70厘米到80厘米？这么高？我没有听错吧！刚刚安然说大约1米呢，这个70可是比1大多了呀！”贝贝疑惑地问道。

安心拿起宝宝手里的直尺，指着直尺对宝宝和贝贝说：“你们看啊，1厘米是这样的一大格，大约是我的手指这么宽。1米里面有100个这样的1厘米呢！1米=100厘米，那么70厘米是不是比100厘米小呀？”

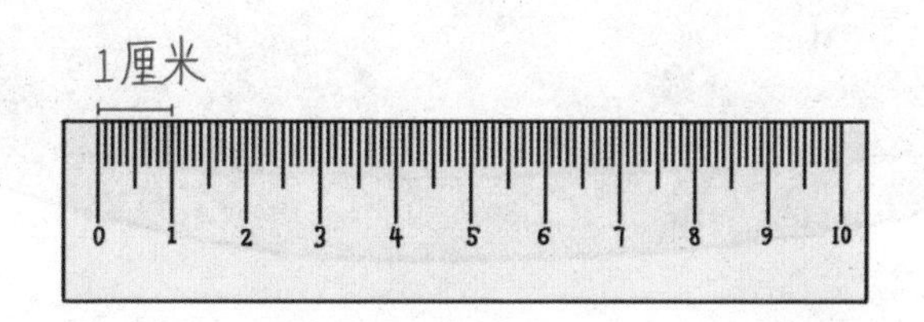

宝宝和贝贝听懂了，原来米和厘米是两个不一样的长度单位，**1米里面有100个1厘米**。比较两个物体的长度大小，**要先统一单位再进行比较**，不能光看数字的大小。贝贝认真地记录下来：

1. 护栏长32米，高约70厘米。

……

看着贝贝的记录，安然拿着宝宝的直尺接着说：“在米和厘米之间还有一个长度单位，叫分米。你们看，这把直尺上从0到10是10厘米，也就是 1 分米。**1 分米里面有 10 个 1 厘米**。伸开我们的大拇指和中指，大约有一拃（zhǎ）这么长。”

宝宝和贝贝也纷纷伸开手指，在宝宝的直尺上比画起来。他们的手都比较小，要努力张开才接近 3 厘米。

“护栏高 70 厘米也可以说成高 7 分米吧？”贝贝有了新的想法，“10 厘米等于 1 分米，20 厘米等于 2 分米，30 厘米等于 3 分米……所以 70 厘米就等于 7 分米。”

“贝贝，你真是爱动脑筋呀！”安心摸了摸贝贝聪明的小脑袋。贝贝在购物清单上重新记录：

1. 护栏长 32 米，高约 7 分米。

……

看到贝贝受到表扬，宝宝心里很不服气，他拿着直尺，开始到处测量，不一会儿就乐滋滋地回来了。

他得意地说道：“你们看，我找到了好多个 1 分米，开关的长大约是 1 分米，欧阳院长的茶杯约高 1 分米，贝贝手里的铅笔约长 1 分米……”

宝宝在农庄里找到了许多生活中的 1 分米。但新的发现后面跟着一个新问题：他用放大镜看直尺的时候，发现每个 1 厘米之间都有很多很小的格子，他仔细数了一下，都是 10 个。他很想知道，这一个个小格子是不是也有名字呀。

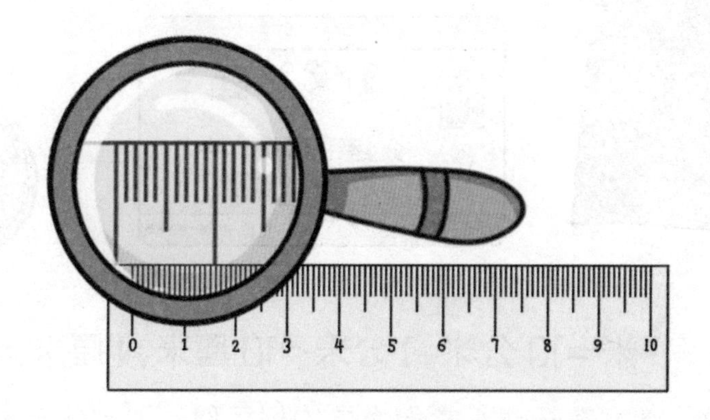

“宝宝的发现太棒了，你的问题和你的发现一样棒！这一小格也有名字，叫 1 毫米。**10 个 1 毫米就组成了 1 厘米**。1 毫米可小了，你们也可以找找我们身边的 1 毫米哦。”

“我的这张纸的厚度不满 1 毫米，估计 10 张纸叠在一起的厚度约是 1 毫米。”贝贝举起她手里的购物清单说道。

“我知道，我知道！那芝麻的宽度、眼屎的宽度大约都是 1 毫米。”宝宝抢着说。

“哈哈哈……”大家一阵狂笑。

“你就不会找找我们现在看得到的 1 毫米吗？”贝贝又向宝宝提出了挑战。

“找就找，难道还有我找不到的东西吗？”宝宝说完又拿着他的两件宝贝一溜烟跑掉了。

宝宝回来时，手里多了几样东西：门卡、鼠标垫，还有一个银圆。这些物体的厚度大约都是 1 毫米。

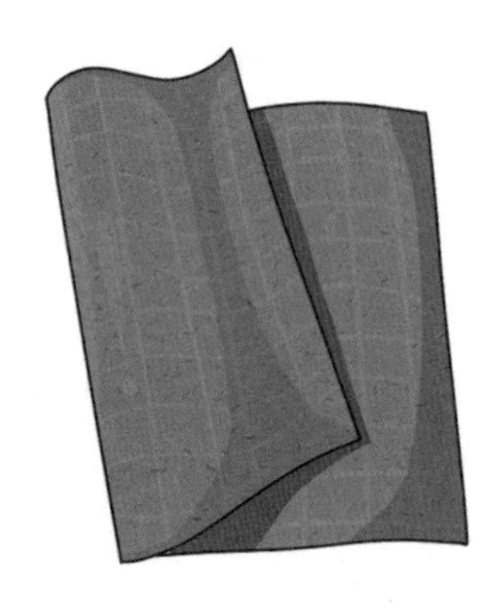

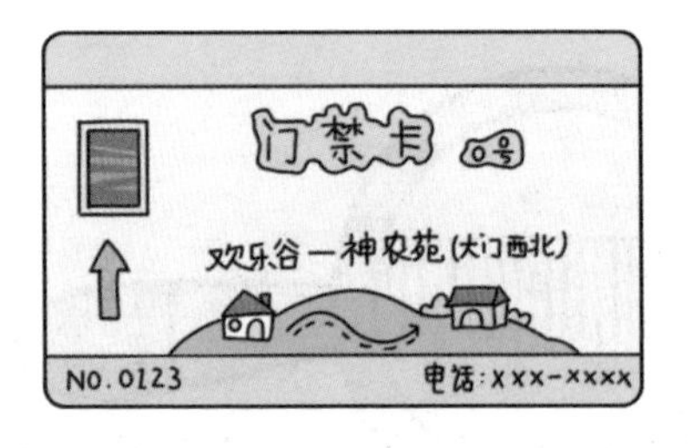

贝贝说：“1 米 =10 分米，1 分米 =10 厘米，1 厘米 =10 毫米。这些长度单位都好有趣啊，它们像是约好了似的，相邻单位之间的进率都是 10。如果它们按照大小排队的话，米是老大，分米、厘米、毫米分别是老二、老三和老四。”爱动脑筋的宝宝和贝贝又学到了很多关于长度单位的知识。

宝宝和安然负责测量，安心和贝贝负责记录，很快购物清单就写好了：

1. 护栏长 32 米，高约 7 分米。

2. 榔头 1 把，长约 2 分米。

3. 扎带（铁丝）3 米。

4. 老虎钳 1 个，长约 15 厘米。

5. 装饰绿植，图钉。

身体中的“尺子”

在古代，人们是如何进行测量并告知他人的呢？其实就是使用我们的手和脚，它们是身体中的“尺子”。瞧，以下这些都是用手来表示的测量单位。

“1寸”：拇指第一关节的宽度，在中医里常常使用。

“1拳”：一拳的宽度。

“1拃”：张开大拇指和中指，两端的距离。

“1庹”：两臂向左右伸开，指尖到指尖的长度（与身高相近）。

拿着购物清单，欧阳院长一行人从农庄出发了，宝宝还是不忘带上他的宝贝。他们一路向西，一边走一边欣赏沿路的美景，不一会儿就到了热闹的大街上。

大街上人来人往，商铺一家挨着一家。宝宝和贝贝第一次上街，看什么都新奇，大馒头居然做得比他们的脸还要大。

购物清单像导游一样，把他们引向一家家商店。他们很快就把所有东西买齐了，看着一大堆东西，他们发愁了：这么多，怎么搬回庄园呀？

“小毛驴啰，听话又能吃苦的小毛驴……”

安然刚才还愁眉苦脸，听到这叫卖声，脸上立即乐开了花。

原来是一群来自神奇部落的小朋友，他们想用小毛驴换物品。但他们第一次来，不知道该如何换。欧阳院长帮他们熟悉了规则，替他们解决了大问题。于是他们送给欧阳院长一头小毛驴。

这头小毛驴个头不大，十分活泼，喜欢蹭着欧阳院长的手臂走路。大家把货物放在它的身上，它就驮着货物跟在院长后面走。

回到农庄，大家立即分工干起来。安然和安心把护栏插进花坛周围的泥土里，欧阳院长用榔头给护栏加固，宝宝和贝贝把铁丝剪成约**1 分米长的小铁丝**，把护栏的接口处用铁丝连接起来，用老虎钳把铁丝拧得紧紧的。等护栏装好，大家又一起对护栏进行装饰，用图钉把绿植给固定住。

不一会儿，小神兽又偷偷跑过来了。它围着护栏跑了几圈都没有找到小花园的入口，累得只能趴在原地喘气。小毛驴欢快地在旁边吃草，时而抬起后腿蹭蹭地面。看着这结实又美观的护栏，大伙儿特别开心。

明天就要离开美丽的农庄了，大家有些依依不舍，就把这护栏算作留给农庄的一份纪念吧！

数学小博士

在离开农庄之前，大伙儿想为农庄的小花园围上护栏。在测量护栏高度时，宝宝和贝贝认识了新的长度单位：分米和毫米，还知道了米、分米、厘米、毫米之间的大小关系和进率：1 米 =10 分米，1 分米 =10 厘米，1 厘米 =10 毫米。每两个相邻单位之间的进率都是 10。他们还找到了生活中常见的 1 分米事物，能用一拃来估算的，比如茶杯的高度、开关的长度、半支笔的长度大约都是 1 分米。生活中常见的 1 毫米事物，比如门卡、10 张纸、鼠标垫的厚度大约都是 1 毫米。

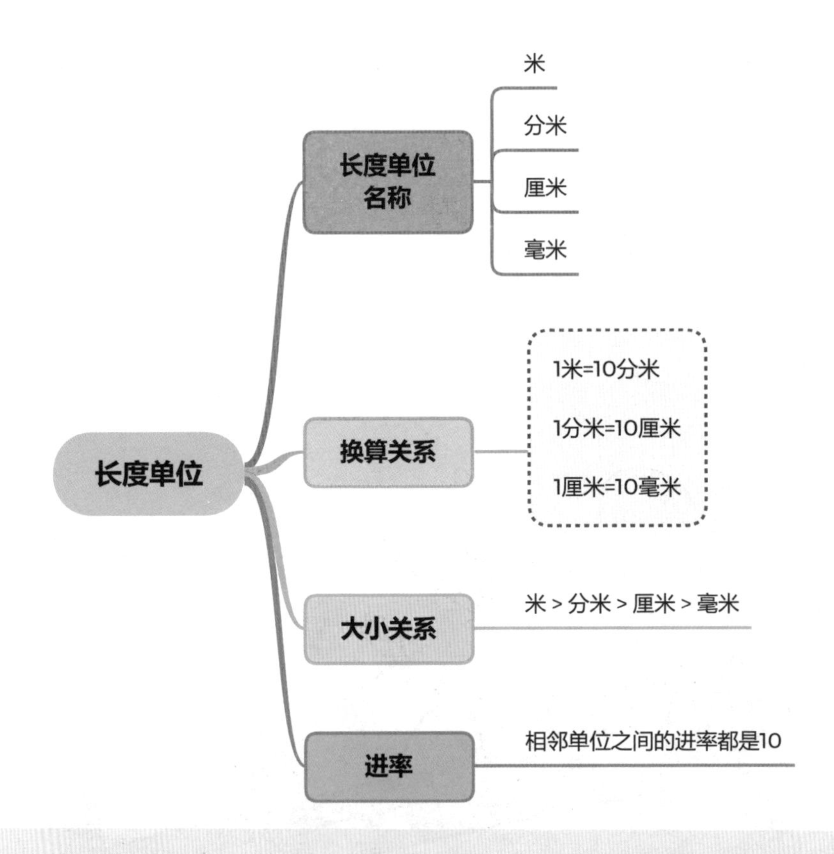

吃完了晚饭，大家都在客厅里玩耍。围护栏时用于扎口的铁丝还有一些剩余。宝宝和贝贝拿着老虎钳在剪铁丝，他们要把长长的铁丝剪短后放进书包，带回村里去。欧阳院长抽出一根铁丝，让宝宝用直尺量了一下，正好 12 厘米。

欧阳院长说：“把这根 12 厘米长的铁丝对折，再从对折后铁丝的正中间剪开，最长的一段比最短的一段长多少厘米？”

宝宝和贝贝听完这个问题，立马就把铁丝对折，正准备在中间剪开的时候，安然和安心就有了答案。

温馨小提示

安然和安心阻止了宝宝、贝贝剪铁丝的行为，随后拿来一张纸和一支笔，画了一个线段图：

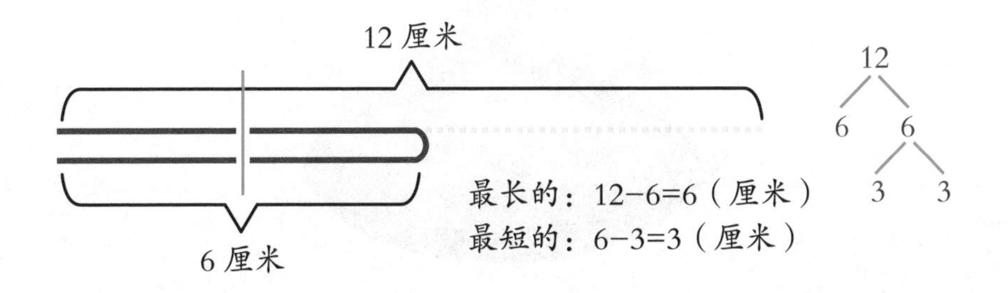

从图上可以看出，把铁丝对折后，再从正中间剪开，会把铁丝分成三段，右边打开等于黄色部分，是最长的一段，它是

12厘米的一半，是6厘米。左边有2段都是最短的3厘米。所以最长的比最短的长了6-3=3（厘米）。

在生活中遇到问题的时候，我们可以试着画线段图，它可以帮助我们更准确地理解题目的意思。

第六章 06

神奇部落的法宝

——千克和克

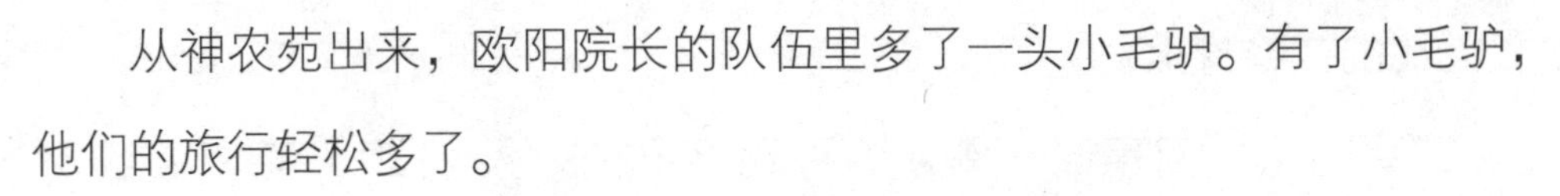

从神农苑出来，欧阳院长的队伍里多了一头小毛驴。有了小毛驴，他们的旅行轻松多了。

下一站，他们准备去农庄附近的部落里看望送他们毛驴的小朋友们。据说在这个部落里，人手一件法器，可以随意变换大小，还能测出任何物体的重量。大伙儿对此充满了好奇，想去一探究竟。

“小毛驴，今天你带路。”一出神农苑，欧阳院长松开了小毛驴，让它带路。

“欧阳院长，要是小毛驴迷路了怎么办？”贝贝第一个担心地问。

“哈哈哈，小毛驴聪明着呢，它肯定不会迷路的。”欧阳院长说着，看向小毛驴的眼睛，好像在问小毛驴他说的对不对。小毛驴频频点头，好像在说“对对对”。

路上，宝宝和贝贝争论起来。宝宝说，小毛驴左边驮着的香蕉比右边驮着的苹果多，所以小毛驴左边重。而贝贝说，两个香蕉的重量才抵得上一个苹果，所以右边的苹果重。

两个小朋友一路吵着，直到前面传来更大的吵闹声，他们才停止了争吵。

不远处聚着十几个小孩子，他们围成一圈，看着圈里的两个孩子

在争论着什么。两个人谁也不让谁，争得面红耳赤。

当他们看见小毛驴，立即停止了争吵，没想到欧阳院长真的来看他们了。孩子们见到小毛驴驮着水果，高兴得一窝蜂地跑了过来，争着抢着要拿水果。

突然一个人大声说:“大家先别急着吃，让你们看看我新找到的法器——大秤的神威。”说完，他拿出一个苹果放到了一个锈迹斑斑却庞大无比的怪物身上。

“咦，怎么回事呢？刚才这秤还好好的，大华 25 千克，宝柱 34 千克。这个苹果怎么没有重量了呢？不可能，我的秤坏了吗？不应该呀。”他自问自答地说。

说话的是阿牛，他说的法器是一台磅秤。一个叫皮蛋的孩子也亮出了自己的法器——**托盘秤**。刚才争吵的就是他们俩，他们在争论磅秤和托盘秤这两个法器哪个更好用。

“你看我的，250 克。”皮蛋笑眯眯地对大家说，“你们看，我就说是我的法器厉害吧！”说完，他得意地朝着阿牛做了

一个炫耀的手势，阿牛像斗败的公鸡一样，垂头丧气。

欧阳院长看到这一幕，不禁笑了起来。他拿了4个大苹果放在阿牛的磅秤上，神奇的事情发生了，刚刚还像在睡觉的磅秤一下子苏醒了，指针动了起来，移到了数字1上。他又叫阿牛拿8个大苹果，一起放在秤上，指针又动了，移到了数字2上。阿牛把所有苹果共24个放在了磅秤上，指针移到了数字6上。

按一个苹果约250克计算，4个苹果是250×4=1000（克），在磅秤上是1千克。所以**1000克=1千克**。8个苹果是250×8=2000(克)，磅秤上是2千克，所以2000克=2千克。以此类推：12个苹果3000克=3千克，24个苹果6000克=6千克。

称完苹果，阿牛又找来2袋盐，每袋盐的袋子上写着500克。他把2袋盐往磅秤上一放，指针又指向1千克，看来的确是1000克=1千克。

这下大家明白了，只要是**重一点儿的物体，都可以用磅秤来称**。但是太轻的话，磅秤称不了。阿牛的脸多云转晴，高兴了起来。

吃完苹果，小伙伴们又研究起这两个秤，他们请欧阳院长做裁判。欧阳院长非常欣赏他们认真严谨的态度，就拿出一些轻重不同、体积各异的物体说：“等你们称完这些物体的重量就明白了。”经过尝试、研究，他们发现：一枚铜钱大约重1克，一根鸡毛比1克还要轻，宝宝的一把尺子比 1 克要重一点儿。

大伙儿还发现：一棵大白菜大约重 3 千克，一个大冬瓜大约重 8 千克呢！皮蛋还称了 1 千克的鸡蛋，数了数，整整 18 个！大家明白了：***磅秤和托盘秤各有各的好处***，物体重一点儿，就用磅秤来称，用**千克**做单位；轻一点儿的物体则用托盘秤来称，用**克**做单位。

当小伙伴们玩得热火朝天时，“嘶……”的一声长叫把大伙儿吓了一跳。

“我的驴也想知道它有多重呢！”欧阳院长笑着说。

“很简单！”阿牛神气地说，“毛驴肯定只能在我的磅秤上称重量了。”

宝宝和贝贝把毛驴赶上磅秤，毛驴前脚上秤，后脚再上秤时，前脚就跳下秤了，前脚刚搬上秤，后脚又滑下来了。

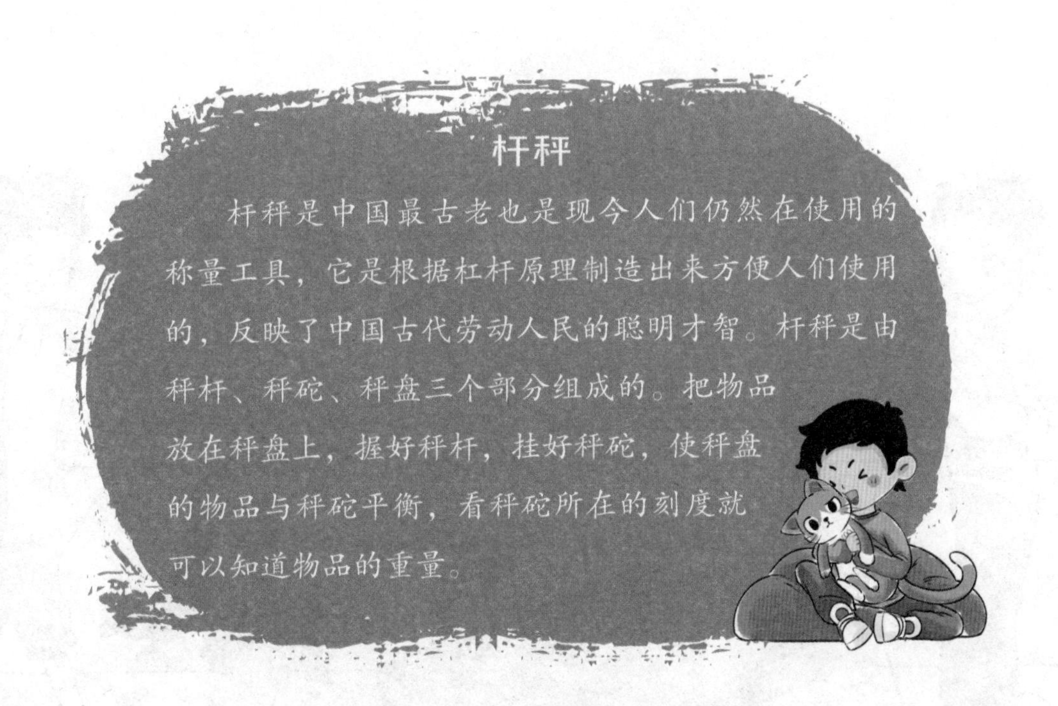

杆秤

杆秤是中国最古老也是现今人们仍然在使用的称量工具，它是根据杠杆原理制造出来方便人们使用的，反映了中国古代劳动人民的聪明才智。杆秤是由秤杆、秤砣、秤盘三个部分组成的。把物品放在秤盘上，握好秤杆，挂好秤砣，使秤盘的物品与秤砣平衡，看秤砣所在的刻度就可以知道物品的重量。

“它太胆小了，不敢单独上磅秤呢。”贝贝说。

怎么办呢？大家围着毛驴一时想不到好的办法。

看着大家一筹莫展的样子，安然提议说：“小毛驴胆小，不敢上秤，我陪着毛驴一起来称吧。”

“不行不行，我们要知道的是毛驴的重量，又不是你和毛驴的重量……”安心还没有说完，就立马想明白了，“啊，对对对，这样也行！”

“这样真的可以吗？我们要称的是毛驴的重量啊。”大家还没有想明白。

安心顾不上给大家解释，她让安然牵着小毛驴，一起上了磅秤。小毛驴有安然的陪伴，胆子大了很多，立马稳稳地站在磅秤上了。大家看磅秤上的数据：78 千克。

安然把小毛驴送下磅秤，又独自站上磅秤：28 千克。

“我知道啦，78-28=50（千克）。”宝宝和贝贝抢着回答，他们俩都看明白了：**先称出安然和毛驴的总重量，再去掉安然的重量**，就可以得到小毛驴的重量了。

欧阳院长把剩余的苹果、香蕉全分给了孩子们，并对他们说：“克和千克都是质量单位，各有所长，各有所短，就像你们的磅秤和托盘秤一样，希望你们能很好地运用它们。”

数学小博士

欧阳院长一行人去部落看望送给他们毛驴的小朋友们，正好遇见他们在争论谁的秤好。在这里，大家一起认识了质量单位千克和克，克是比较轻的质量单位，千克是比较重的质量单位，1 千克 =1000 克。平时生活中大约重 1 克的物品有一根鸡毛、一粒花生米、一张纸等。

大家还称了一些其他物品：4 个苹果约重 1 千克，18 个鸡蛋约重 1 千克，一棵白菜约重 3 千克，1 个冬瓜约重 8 千克。孩子们在具体实践中感受到了克与千克的不同。

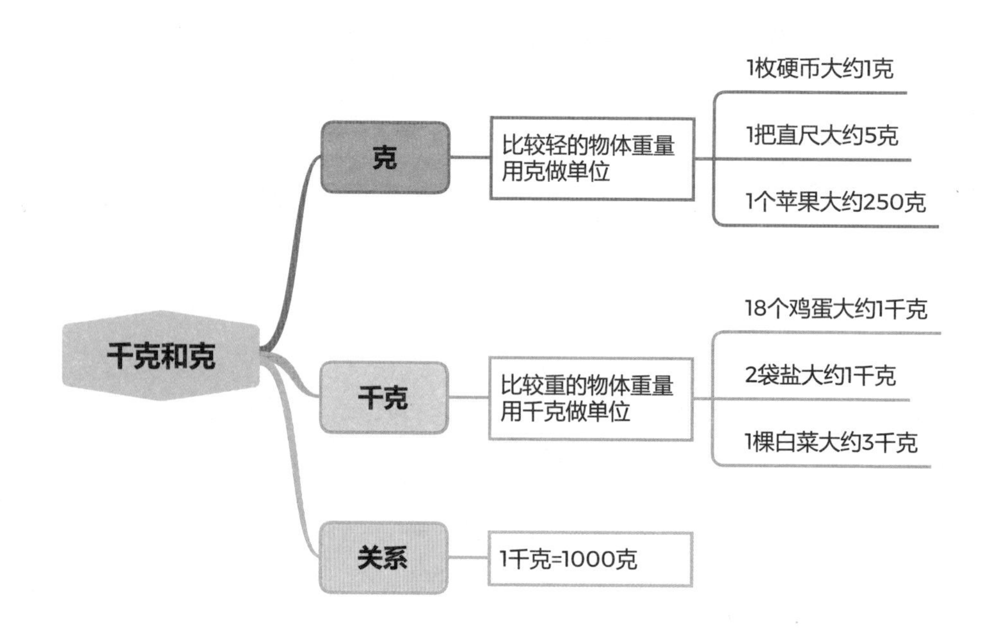

吃了一些水果后，小伙伴们都围着欧阳院长要他讲故事，于是欧阳院长就给大家讲了一个“曹冲称象”的故事。

曹冲五六岁的时候，有一天，孙权送来了一头大象。曹操想知道这头大象的重量，便问他的属下如何称出大象的重量，大家都不知道怎么办。这时曹冲说：“把大象放到大船上，在水面所达到的船身位置做上记号，再让船装载其他东西，使水面达到船身标记的地方，最后称一下这些东西的重量就能知道大象的重量了。”曹操听了很高兴，马上照这个办法做了。

听完故事后，大家纷纷被曹冲的聪明所折服。当一个物体不能称重的时候，把它换成相同重量的其他物体，就是用“等量代换”的思考方法来解决问题。

欧阳院长拿出一张纸，画了一个简单的天平秤，如下图：

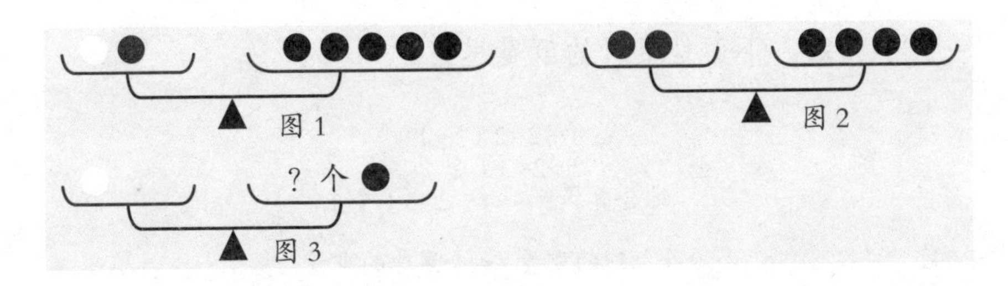

欧阳院长说：“1 个白球和 1 个红球等于 5 个黑球的重量。2 个红球等于 4 个黑球的重量。那么 1 个白球的重量等于几个黑球的重量呢？”

小伙伴们看着这道题目向欧阳院长说道：“您图上的这些白

球、红球、黑球又不能拿下来称重量，要是可以用天平秤称一下就好了。”

宝宝和贝贝若有所思，他们从毛驴称重这件事和曹冲称象的故事中受到了启发，不一会儿就有了答案。

温馨小提示

宝宝说：“在曹冲称象的故事中，曹冲把大象换成了相同重量的石头，石头的重量就是大象的重量。在图 2 中，2 个红球的重量等于 4 个黑球的重量，那么 1 个红球的重量就是 2 个黑球的重量，所以在图 1 中，右边的 2 个黑球可以换成 1 个红球，那么天平秤里就变成了 1 个白球 +1 个红球 =3 个黑球 + 1 个红球，两边都去掉一个红球，所以 1 个白球 =3 个黑球。”

贝贝的想法和宝宝差不多，他们的答案是一样的，但也有一点小区别，下面是贝贝的解题思路。

4÷2=2（个）
5−2=3（个）
综合算式：5−4÷2=3（个）

2 个红球的重量 = 4 个黑球的重量
↓
1 个红球的重量 = 2 个黑球的重量
1 个白球的重量 + 1 个红球的重量 = 5 个黑球的重量
↓
1 个白球的重量 = 3 个黑球的重量
答：1 个白球的重量等于 3 个黑球的重量。

听完宝宝和贝贝的解说，大家都鼓起掌来。

第七章

07

灵力糖换馒头

——两、三位数除以一位数

欧阳院长的游学计划下一站是面包国，那是一个非常漂亮的王国。国王是欧阳院长的老朋友，他多次飞鸽传信邀请欧阳院长去游玩。听说那里有数不尽的美食，可以尽情享用，宝宝和贝贝光是听着就早已垂涎三尺。

可是部落里的小朋友们太喜欢神奇学院的这些朋友了，为了留住他们，小朋友们把所有的法器都拿出来显摆，**有台秤、杆秤、弹簧秤**……除了分享法器，小朋友们还说要带他们去逛部落里的集市呢！

至于美食，好客的部落朋友们早就准备好了。

知道小蘑菇人最喜欢的零食是葱香灵力豆，大家拿出了 60 个葱香灵力豆送给宝宝和贝贝。宝宝和贝贝为了公平，你一个、我一个地分了起来，大伙儿看到这一幕都笑了。

安然说："你们这种分法，要是分 600 个灵力豆，得分到什么时候啊？"

"**两人分的一样多就是平均分**，可是我们只会计算 6÷2=3，这个 60÷2 等于多少呢？"宝宝不好意思地说。

贝贝也觉得这样太麻烦了，开始和宝宝一起想办法：我们可以把 60 个灵力豆看成 60 根小棒，一根一根地分太麻烦了，不如一捆（10 根）一捆地分，你一捆，我一捆，你一捆，我一捆，你一捆，我一捆。咦，我们都分完了，每人分得 3 捆，就是 30 个。原来 60 ÷ 2=30（个）呀！

这样分，宝宝和贝贝很快就分好了灵力豆。宝宝一边吃一边对贝贝说：“要是这样算的话，其实 600 ÷ 2 也很简单，我们只要把 600 看成 6 个一百，每个人就分到 3 个一百，就是 300 个。所以 600 ÷ 2=300！”

“有道理，那 6000 ÷ 2=3000！再往下说都说不完啦！”贝贝觉得这就像玩接龙游戏一样，可以一直往下说。

宝宝和贝贝以前只会做 10 以内的简单除法，现在**几百除以几**、**几千除以几**都学会了。宝宝骄傲地唱起了歌曲，觉得自己是世界上最最聪明的人。

看宝宝那骄傲的样子，安心决定再考考他：“如果把剩下的这 48 个灵力豆平均分给你们两个，你们每个人能分多少个呢？”

宝宝停止了歌声，得意地说：“不就是 48 ÷ 2 吗？是……是……”他说不下去了。整数他会算了，但是有整有零的，他就不会了。但他还是满不在乎地说：“这有什么难的，我们再一个一个分呗！”

“我才不和你一个一个分呢！”贝贝嫌弃地看了一眼宝宝，说出了自己的想法，“48 可以分成 40 和 8，先把 40 个灵力豆平均分给 2 人，40 ÷ 2=20（个），再把 8 个灵力豆平均分给 2 人，8 ÷ 2=4（个），所以我可以分到 20+4=24（个）灵力豆。”说着又在地上画起了小棒，用小棒图来解释她的想法，这可是她跟安然学的。

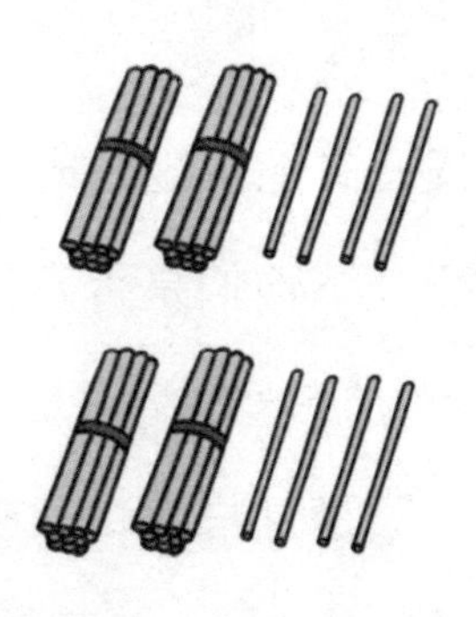

“贝贝你说得真棒！”安心接着说道，“你们还记得除法的竖式吗？当我们计算遇到困难的时候，不要忘记竖式这个‘好朋友’哦！”

安心的话还没有说完，贝贝就找来了纸和笔，部落里所有小朋友都把小脑袋凑了过来，围成一圈看安心写**除法竖式**。

被这么多双眼睛看着，安心深深吸了一口气，脑中回想欧阳院长讲课的样子，在纸上边写边说：“48 除以 2，我们要先算十位上的 4 除以 2，商 2，写在十位上，表示 40 里面有 2 个 20，再把个位上的 8 移下来，**然后算**个位上的 8 除以 2 得 4，表示 8 里面有 2 个 4，商写在个位上。”

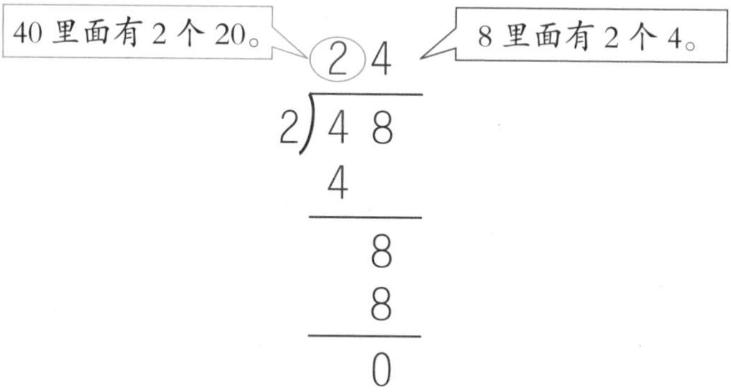

40 里面有 2 个 20。

8 里面有 2 个 4。

$$
\begin{array}{r}
24 \\
2\overline{)48} \\
4 \\
\hline
8 \\
8 \\
\hline
0
\end{array}
$$

安心的除法竖式既简单又明了，小朋友们一下子全看明白了。为了考查一下他们是否真的会了，安心又写了一个除法算式，还变成了三位数：639÷3=?

贝贝是这样算的：639 可以看成 6 个一百是 600，3 个十是 30，9 个一是 9，600÷3=200，30÷3=10，9÷3=3，所以 200+10+3=213。

宝宝想现学现用，于是列了一个竖式，他在纸上写下了：

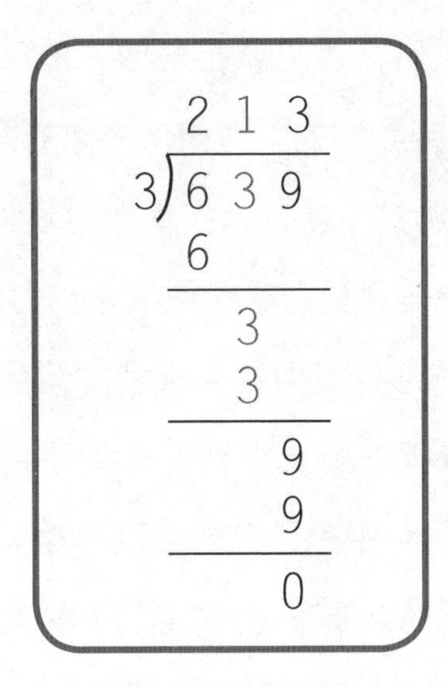

宝宝和贝贝真的很聪明，不一会儿就学以致用，学会了简单的两、三位数除以一位数。学到了新知识，连葱香灵力豆都好像更好吃了，外酥里香，嘎嘣脆。

随后，大家一起出发，带着小毛驴去逛集市。在热闹的集市上转悠了半天，大家感觉肚子有些饿了，便找了一家饭店，把小毛驴拴在外面，走进去准备吃点儿东西。

一进门，他们看见饭店掌柜的正在大声呵斥一个衣着破烂的小男孩："给我走远点，别想偷我的馒头吃！"

小男孩挨了批评有点儿害怕，但是两眼还是看着热气腾腾的馒头，舍不得离开，想必是真的饿坏了。

安然和安心赶紧跑过去，关心地问："你是不是饿了？我帮你去买两个。"

"我，我，没钱……我们已经好几天没吃东西了。"小男孩小声地说。

宝宝和贝贝狠狠地瞪了饭店掌柜一眼，然后伸手拿出身上所有的灵力糖，一共 67 个："用我们的灵力糖来换你的馒头吧！"

"灵力糖……"一听灵力糖，饭店掌柜的眼睛直发光，他心想：早就听说蘑菇村的灵力糖是用灵力珠粉做的，灵力珠很有营养，很珍贵，这两个小蘑菇人竟然愿意用灵力糖来换我的馒头。哈哈哈，今天我一定要把这些灵力糖都弄到手！他眼珠子一转，愁眉苦脸地说道："你这个灵力糖又不是钱，我们也不喜欢吃糖，要不**3 个灵力糖换 1 个馒头**吧！"

"可以。"只要小男孩可以吃到馒头，宝宝和贝

贝想都没想就一口答应下来。

见他们答应得这么爽快，饭店掌柜却一下子傻了，呆呆地站在那里不知如何是好。别人买馒头只买一两个，而 67 个灵力糖可以换多少个馒头呢？他从没有算过呀。

掌柜为难地看向两个小蘑菇人，贝贝说："3 个灵力糖换 1 个馒头，67 个灵力糖一共可以换 22 个馒头，**还剩 1 个灵力糖**。"

"对吗？"掌柜转头问自己的小伙计。小伙计也第一次碰到这个问题，不知所措。

"60 个灵力糖可以换 20 个馒头，6 个灵力糖又可以换 2 个馒头，还剩下 1 个灵力糖就 1 个馒头都不够了，所以一共可以换 22 个馒头，我们还剩下 1 个灵力糖。"宝宝听着贝贝的解说，在旁边的门板上写了

一个竖式：

$$
\begin{array}{r}
22 \\
3\overline{)67} \\
\underline{6} \\
7 \\
\underline{6} \\
1
\end{array}
$$

“在这里，我先把 67 看成 60，60 里面有 20 个 3，所以在十位上写 2，再看个位上的 7，7 里面最多有 2 个 3，所以在个位上写 2，还余下 1 个灵力糖。这 1 个灵力糖不够再换 1 个馒头了，所以是**余数**。”

看掌柜的还有点儿蒙，贝贝说：“1 个馒头要 3 个灵力糖，那么 22 个馒头就是 66 个灵力糖，加上剩下的 1 个灵力糖，就是我们给你的 67 个灵力糖。”贝贝边说边又写了一个竖式来**验算**：

$$
\begin{array}{r}
22 \\
\times\quad 3 \\
\hline
66 \\
+\quad 1 \\
\hline
67
\end{array}
$$

掌柜的之前真是小瞧了这两个蘑菇人，没想到他们个子小，脑子却这么聪明，还很有爱心，他顿时感到羞愧难当。他知道这些灵力糖是小蘑菇人的宝贝，可他们为了帮助别人毫不吝啬，而他却想骗取别人的灵力糖，真是太不应该了。掌柜的越想越脸红，赶紧用大袋子装了 22 个馒头，象征性地收了 1 个灵力糖。

安然和安心也为有两个善良的朋友而自豪，出去的时候，分别把宝宝和贝贝抱在怀里。小毛驴驮着一大袋馒头，大家准备一块儿去给挨饿的小朋友们送馒头！

数学小博士

部落里的小朋友们非常好客，一定要欧阳院长一行人留宿一晚，并且还给宝宝和贝贝做了葱香灵力豆。宝宝和贝贝在分灵力豆的过程中，学会了整十数、整百数除以一位数，只要把整十数或者整百数看成几个十或者几个百，然后就转化成了一位数除以一位数。他们还学会了两位数、三位数除以一位数的计算：从高位除起，先用几个百除以一位数，再用几个十除以一位数，最后用几个一除以一位数，每次得到的商要写在相应的数位上。

小伙伴们一起去集市上玩，遇到了一个没有钱买馒头的小男孩。宝宝和贝贝不惜用最珍贵的灵力糖去换馒头，在换馒头的过程中，他们表现出惊人的聪明才智，学会了计算有余数的除法，并能用乘法来进行验证。

宝宝和贝贝的善良、聪明打动了掌柜的，最后他们用一颗灵力糖换了一大袋馒头，帮助了一群饿肚子的孩子。

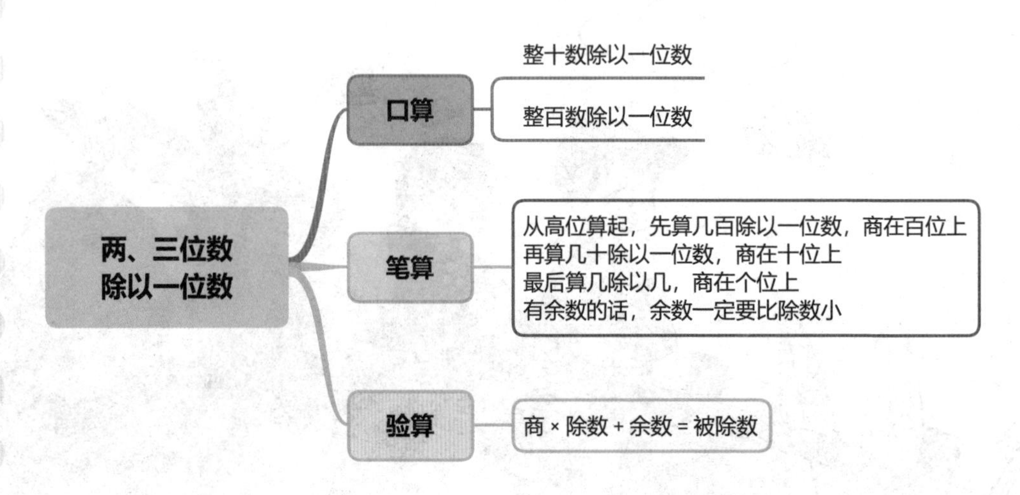

大家一路欢笑回到了部落，欧阳院长非常赞赏宝宝和贝贝的做法，又给他们分了一大盘葱香灵力豆。但吃灵力豆还要回答一个问题。

一个两位数除以一个一位数，商是两位数，余数是8，被除数、除数、商和余数，四个数的和是多少？

“这也太难了吧！”部落里的小朋友们叫着，思考了半天也想不出答案。宝宝和贝贝也是连连摇头，但他们没有放弃，而是拿来了纸和笔，趴在桌子上画了起来。你知道他们画了什么吗？

温馨小提示

□□ ÷ □ = □□……8

欧阳院长看到宝宝和贝贝画的思考过程露出了满意的笑容。

当我们遇到难题无从下手时，一定要像宝宝和贝贝那样，先按题目要求把它画出来再思考。

余数是8，我们按照“余数要比除数小”的依据可以确定除数只能是9。

□□ ÷9= □□……8

被除数是两位数，那么商就不能大，只能从最小的两位数开始考虑，□□ ÷9=10……8。

先假设商是10。那么根据商 × 除数 + 余数 = 被除数，得到 10×9+8=98，符合题意。得到 98÷9=10……8。再将这四个数相加，就可以求出它们的和啦！

那如果商是 11 呢，请你算一算，看看有没有问题。

第八章

毛驴智斗使者

——解决问题

面包国的飞信一封又一封地传来，看了信才知道，这次不是邀请他们去做客，而是求助。面包国遇到了麻烦，他们急需欧阳院长去帮忙。

“会不会是面包国的美食食谱被偷了？要知道面包国的美食既能饱腹又能增强灵力，一直很受各国追捧。”宝宝猜测。

“你到哪里就想着吃的。面包国的食谱早就被厨师们记在心里了，

没有食谱，他们照样可以做出美味的食物。”贝贝笑着说。宝宝不好意思地笑了。

安心想：不会是豌豆国要打过来占领面包国吧？如果真是，可就麻烦了，我们还是小孩子，欧阳院长也年纪大了，靠武力的话，我们绝对不是他们的对手！她越想越害怕，再看看安然，他也神情凝重。

只有欧阳院长一如往常，镇定自若，小毛驴紧贴着欧阳院长的胳膊，也一样悠然自得。

他们蹚过小溪，翻过山岭，一路艰难跋涉，终于到达了美丽的面包国城门口。可城门紧闭，整个城堡被充满灵力的保护屏障所笼罩，战争仿佛一触即发。

欧阳院长正着急如何才能进城时，城门打开了，一个年轻人骑着快马飞驰到欧阳院长身边，从马背上一跃而下，作揖说道：“尊敬的欧阳院长，您终于到了！欢迎您及您的伙伴们来到我们面包国。我叫阿巴斯，是国王的护卫。请跟我来。”

路上，护卫讲述了事情的经过。

前几天豌豆国的使者来觐见国王，要求面包国在今天日落之前回答他们提出的一个问题，如果答不出，就要开战。

“今天可是我们国王的 50 岁生辰，怎么能让可恶的豌豆国在今天挑起战争呢！接到挑战后，国王找了很多智者都无法解决这个问题。他愁得连饭都吃不下，只好多次飞鸽传书邀请您来帮忙。”

安心听到护卫的话，长长地舒了口气，说：“还好！我以为豌豆国是要动用武力呢！只要不用武力解决，其他的都好说，回答问题更是我们的强项。”

阿巴斯护卫看到大伙儿都非常有信心的样子，十分高兴，恨不得立刻拉着欧阳院长飞奔到国王面前。欧阳院长说：“等等，可以带上我的小毛驴吗？或许你们的问题我的小毛驴也能帮上忙！”

“太好了，太好了！”阿巴斯一边说一边带路。小毛驴也能解决问题？神奇学院简直太神奇了。

国王见到欧阳院长，立即让人叫来豌豆国的使者。

那位高傲的使者见国王请来一群要么老要么小的帮手，露出不屑的神情。他用狂妄的口气把问题又说了一遍：“我们豌豆国有一个神奇的笼子，里面装了若干只鸡和兔，从上面数，有 6 个头，从下面数，有 20 条腿。鸡和兔各有多少只？”

“哈哈哈，**这是经典的鸡兔同笼问题呀**，这个太简单了，我来回答吧！”安然大笑起来。

“你个小家伙，可不要吹牛皮，要是回答不出来，连你一起都要遭殃！”豌豆国使者一脸严肃地说，他绝对不相信眼前这个小男孩能解决这道难题。

“来，我给你**画一画**。”安然自信地说。

“哼！我可没时间看你画画，题做不出来就早点儿说，拖延时间是没有用的！”豌豆国使者不耐烦地说。

“你不要小瞧人，在解决鸡兔同笼的数学题上，我哥哥可是神奇学院一等一的高手！”安心替安然打气说。

安然没空理会豌豆国使者，只顾埋头在地上画圆圈，他边画边说：“这 6 个圆圈代表笼子里的鸡头……”没有等安然说完，豌豆国使者就打断他说：“你有没有搞错啊，笼子里不光有鸡，还有兔子呢！”

“别急，我现在是**假设笼子里全是鸡的头**，等会儿鸡会变成兔子的。”安然回答完使者的话，又看向安心说道：“请你来给这 6 只鸡画上腿吧。”安心点点头，立马在 6 个“鸡头”下各添了 2 条腿，如图：

“现在一共才 12 条腿，跟 20 条腿相比还少了 8 条腿。”阿巴斯护卫着急地喊着。

“别急，别急！现在我们给第一只鸡再加 2 条腿，那么第一只鸡就变成兔子啦！”

安心给第一只鸡加了 2 条腿，大家一起数到了 14 条腿，接着安心又飞快地给后面的 3 只鸡分别加了 2 条腿，大家一起数到了 20 条腿。

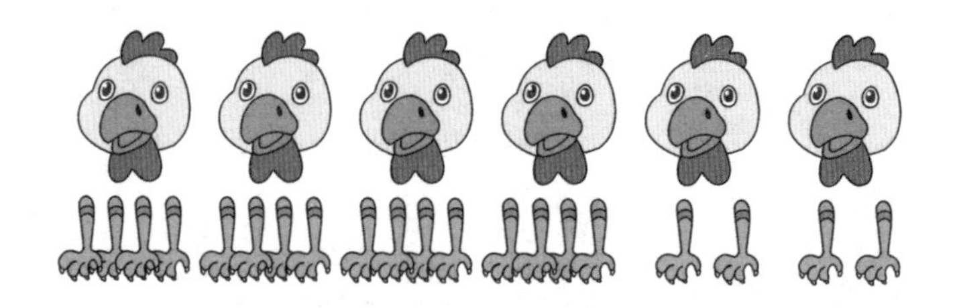

“大家请看，答案出来了！”安然指着图说。

“答案哪里出来了？我怎么没看到呀。”豌豆国使者皱着眉头问。

“笼子里一共有 4 只兔子和 2 只鸡。”安然话音刚落，他的周围响起了一阵掌声。

豌豆国使者听了答案，脸唰的一下变得惨白，但很快又被愤怒憋红了脸。他想要微笑表示没关系，但他的脸色却出卖了他的心。

豌豆国使者似笑非笑地对国王说：“尊敬的国王陛下，恭喜您的朋友解决了第一道题目。我这还有一道呢。”

国王现在轻松多了，他笑嘻嘻地说：“我相信神奇学院的朋友们，请使者出题吧。”

“请听题：我们一共有500只猪和鹅，它们不小心混在了一起，只知道一共有 1400 条腿，请问猪和鹅各有多少只？”

使者出了题后，又补充道：“这可是困扰我豌豆国国王和学者几千年的大难题，如果你们能够解决，我们马上就撤兵。”

“此话当真？”国王问。

“当然了，一言既出，驷马难追。”

国王把头转向安然，安然却低下了头。国王见状，脸上闪过一丝不安，刚刚还高兴的脸这会儿变得惶恐起来。不过，他并没有绝望，又把眼睛转向欧阳院长，欧阳院长是他多年的老朋友，这一次得靠他了。

500个头呢，要是再画圆圈，安然得画到什么时候啊。这题可太难了。

物不知数

《孙子算经》的卷下第26题：“今有物不知其数，三三数之剩二，五五数之剩三，七七数之剩二，问物几何？答曰：‘二十三’。”不但提供了答案，而且还给出了解法。南宋大数学家秦九韶则进一步开创了对一次同余式理论的研究工作，推广“物不知数”的问题。

德国数学家高斯于1801年出版的《算术研究》中明确地写出了上述定理。1851年，英国基督教士伟烈亚力将《孙子算经》“物不知数”问题的解法传到欧洲，1876年，马蒂生指出《孙子算经》的解法符合高斯的定理，从而西方数学家把这一个定理称为“中国剩余定理”。

不光国王看向欧阳院长，安然、安心也都看向欧阳院长。欧阳院长听完这道题，脸先阴沉了一会儿，然后摸了摸白胡子，微笑着说：“这么简单的问题，不需要我来做，由我的小毛驴来做吧。”

“什么？小毛驴做？你太狂妄了！要是解答不出来，看我们豌豆国怎么收拾你和面包国！”豌豆国使者愤怒地吼道，他觉得自己的尊严受到了践踏。

国王也焦急地问道：“欧阳院长，你不是在开玩笑吧？这可关系到我们国家的安危呢！”

欧阳院长镇定地说：“看，聪明的小毛驴已经告诉我们怎么做了。”

大家纷纷看向小毛驴，小毛驴好像听懂了刚才欧阳院长的话，它抬起了一条前腿，接着又抬起了另一条前腿，然后发出“嘶——”的一声长叫。

大家你看看我，我看看你，谁也不说话。

见大家不明所以，欧阳院长也不绕弯子了，说：“我的毛驴说，让猪和鹅**抬起一条腿**，也就是抬起 500 条腿，那还剩 900 条腿，再让猪和鹅**抬起第二条腿**，再减去 500 条腿，还剩 400 条腿。鹅本来就只有两条腿，都抬了起来，就一屁股坐在地上了。所以剩下 400 条腿就全是猪的腿了。猪已经抬起了两条腿，还站在地上的就是后面两条腿了，400÷2=200，所以有 200 只猪，那鹅就是 300 只了。”

“哈哈哈，妙哉妙哉！”国王听后龙颜大悦，“欧阳院长，你的小毛驴真是聪明绝顶！解决了豌豆国几千年都解决不

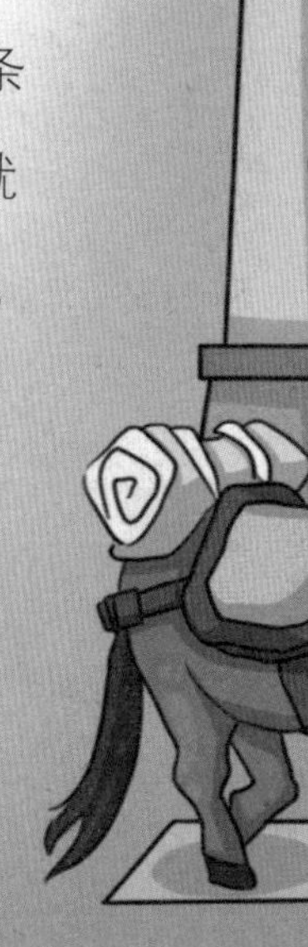

了的难题，我可不可以说，豌豆国的人连毛驴也不如呢？哈哈哈……”

在欧阳院长来之前，面包国国王以为这是最糟糕的一个生日了，现在他觉得，这是他最开心的一次生日！

宝宝和贝贝虽然听不懂小毛驴的意思，但喜欢学小毛驴抬腿，两条腿都抬起来的时候，就一屁股坐在地上了。他们干脆不起来，在地上打着滚儿，好玩极了。

豌豆国使者惊呆了，这样的大难题被一头小毛驴给破解了？这怎么可能呢？他掐了掐自己，痛呀，这不是梦，又擦了擦眼睛，两个小蘑菇人还在地上打滚儿，周围环绕着笑声……豌豆国使者向面包国国王行了个礼，手一挥，一群人跟着他灰溜溜地离开了。

神奇学院大战豌豆国使者，用智慧解除了面包国的危机，这个消息像长了翅膀，一夜之间就飞遍了整个面包国。

这得好好庆祝一下，可要怎么庆祝呢？当然是要做美食啦！面包国全国上下都在做美食，每个人都做得很认真。

今天是国王生日，面包国的首席御厨做了一个像面包一样的大蛋糕送给神奇学院的朋友们，大蛋糕上面还专门铺了一层灵力果。这可是大家最喜欢吃的美味啦！

数学小博士

欧阳院长带着四个小朋友和聪明的毛驴智斗豌豆国使者，解除了面包国的危机。

鸡兔同笼是我国古代三大算术题目之一（另外两道是物不知数和老鼠打洞，以后同学们会学到），最早记载于《孙子算经》，距今已有1500多年的历史。原文如下：今有雉兔同笼，上有三十五头，下有九十四足，问雉兔各几何？

这个题目是指鸡兔同关一笼，已知鸡兔的头数和脚的只数，求鸡和兔各有多少。

豌豆国使者的第二个难题也属于鸡兔同笼问题。毛驴两次抬腿，去掉了鹅，只剩下了猪的腿，用抬腿法解决了问题。简单的问题也可以通过画图来解决，就像安然和安心解决使者的第一个问题那样。

画图法和抬腿法是解决“鸡兔同笼”问题的常用方法。解决鸡兔同笼问题的方法还有很多，如：打包法、假设法、列表法等。只要我们善于发现规律，总结规律，就能找到解决问题的办法。

以“鸡兔同笼，共有35个头，94只脚，鸡和兔各有多少只？”为例，请看下面图示。

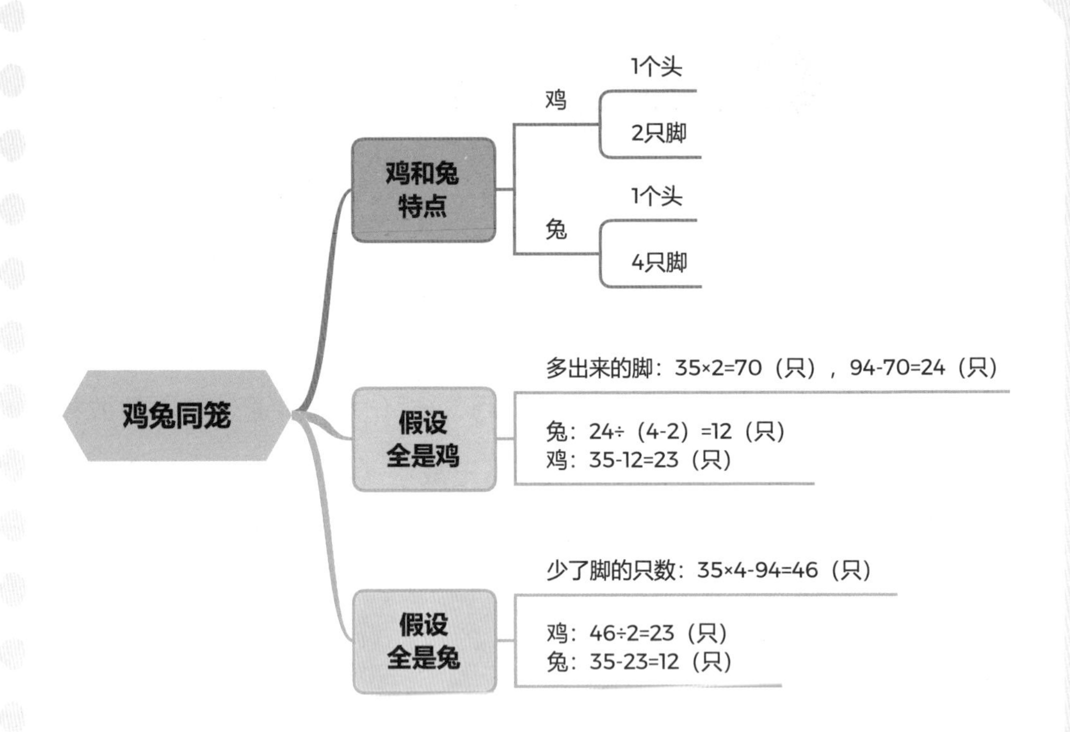
鸡兔同笼
鸡和兔特点
鸡
1个头
2只脚
兔
1个头
4只脚
假设全是鸡
多出来的脚：35×2=70（只），94-70=24（只）
兔：24÷（4-2）=12（只）
鸡：35-12=23（只）
假设全是兔
少了脚的只数：35×4-94=46（只）
鸡：46÷2=23（只）
兔：35-23=12（只）

宝宝和贝贝还沉浸在刚才毛驴的抬腿运动中，两人玩作一团不肯停下。欧阳院长看他们这么喜欢抬腿，就给他们出了一个趣味题目：

100 个蘑菇人吃 100 个灵力果，大蘑菇人 1 人吃 3 个灵力果，小蘑菇人 3 人吃 1 个灵力果，大蘑菇人和小蘑菇人各有多少个？

宝宝和贝贝听到吃灵力果，顿时来了精神，可是他们抬了半天腿却还是不会解答，画了半天的图依旧不会解答。

安然和安心在旁边捂着嘴巴偷笑，觉得他们真的太可爱啦！同学们，你们能帮帮这两个可爱的小蘑菇人，算出这道题的答案吗？

温馨小提示

看到宝宝和贝贝用画图和抬腿的方法都不能解答这个问题，欧阳院长就给了他们一个小提示——打包法。

一个大蘑菇人吃 3 个灵力果和 3 个小蘑菇人吃 1 个灵力果，那么可以把 1 个大蘑菇人和 3 个小蘑菇人放在一起打成一个“包”，这里面一大三小共吃了 4 个灵力果。100 里面有 25 个 4，可以打 25 个“包”。25 个“包”里分别有 1×25=25（个）大蘑菇人和 3×25=75（个）小蘑菇人。

第九章

面包国的美食

——分数的初步认识

面包国的贵宾室坐落在王宫的正东方，是一座有着紫色屋顶的大房子，有糖果色柱子和白色的古典风灯，漂亮又神秘。走进大厅，里面有一张长长的餐桌，上面摆放着各种烹饪的工具，有自动炒菜机、咖啡机、面包机、空气炸锅……还摆放着各种美食，有牛肉卷、牛角包、比萨、灵力糖等。

哇，这简直太诱人啦。

宝宝的肚子像个闹钟一样，很配合地“咕噜咕噜”叫了起来，这个声音像是在招呼大家，快吃饭吧。

安心和安然小心地打开蛋糕盒子。乳白色的奶油懒洋洋地趴在蛋糕上，奶油簇拥着一颗颗草莓和一颗颗灵力果，蛋糕周围还绕着一圈嫩黄色和粉色的花边，真是好看又美味!

欧阳院长指着蛋糕说:“这个蛋糕分给你们四个小朋友吃，你们知道**怎么分最公平**吗?”

“简单，分成 4 份就好了!”宝宝抢着说。

“应该把蛋糕分成 4 份一样大小的，不能随意分，**平均分**才是最公平的!”贝贝大声说，“要是每份分得不是一样大小，就算是 4 份，也是不公平的。如果最小的一份分给你，你愿意吗?”

“我不愿意!我要最大的那块!”宝宝把头摇得像拨浪鼓一样。

“如果你想吃最大块，那么谁来吃最小块呢? 别人肯定也不愿意呀!”贝贝说。

“所以平分最好了!”安心补充说。

欧阳院长拿出切蛋糕的刀，小心地把蛋糕平均分成了 4 份。当孩子们争先恐后地拿起自己的一份蛋糕准备吃的时候，欧阳院长又问道:“孩子们，刚才一个大蛋糕我们可以用数字‘1’来表示，那么你们手里的一份蛋糕该用什么数字来表示呢?”

“也是 1，不过是一份，不是一个。”宝宝说。

“不能是 1，1 已经表示一整个蛋糕了，我觉得可以用数字 4 来表示，因为我们把蛋糕平均分成了 4 份。”贝贝反驳说。

“不对，我们手里的蛋糕比刚才的一整个蛋糕小太多了，1 已经表示了一整个蛋糕，我觉得应该用一个比 1 小的数字来表示它。”安心摸着脑袋说。

“我觉得可以用$\frac{1}{4}$来表示，这是一个**分数**。它表示把这个蛋糕***平均分成 4 份***，其中的每一份都是这个蛋糕的$\frac{1}{4}$。$\frac{1}{4}$就是一个比 1 小的数，2 个$\frac{1}{4}$就是$\frac{2}{4}$，3 个$\frac{1}{4}$就是$\frac{3}{4}$，4 个$\frac{1}{4}$就是$\frac{4}{4}$，拼在一起就是这一个蛋糕，这一个蛋糕可以用数字 1 来表示。”安然认认真真地说。

安然的话让小伙伴们眼睛一亮，还真有比 1 小的数呢。

欧阳院长开心地问：“安然，你是怎么知道的？我们并没有学这部分课程呀！”

分数的起源

在原始社会，人们集体劳动，要平均分配果实和猎物，常常出现分配结果不是整数的情况，于是渐渐产生了分数。一开始，二分之一用“一半”来表示，四分之一用“一半的一半”来表示，经过相当长一段时间后，出现了三分之一、三分之二等分数。我国古代数学著作《九章算术》中，系统研究了分数问题，涉及分数的运算和应用。

安然回答说:“在神农苑的书房里,《神秘数学》这本书里有关于分数的知识。我还知道，中国早在两千年前就开始使用分数，是在用算筹做除法运算的基础上产生的。当除不尽时，可以把余数作为分子，除数作为分母，就产生了一个分子在上、分母在下的分数筹算形式。筹算分数之后，又过了五六百年的时间，印度才出现了有关分数理论的论述。印度人记录分数的形式与中国古代的筹算分数是一样的，只不过使用的是阿拉伯数字。再往后，阿拉伯人发明了分数线，分数的表示法就变成现在这样了。”

欧阳院长边点头边说:“书本真是我们最好的老师呢!”

这时，贝贝想起欧阳院长还没有分到蛋糕呢!于是她拿起刀，把自己的那份蛋糕平均分成了 2 份，把其中的一份递给了欧阳院长。

欧阳院长很高兴，一边吃蛋糕一边问大家："现在我手里的这块蛋糕又可以用什么分数来表示呢？"

大家看着欧阳院长手中的蛋糕，思考着。

欧阳院长和贝贝的蛋糕一样大，应该是一样的分数，可是这个分数应该是多少呢？

"是$\frac{1}{5}$吗？"宝宝的理由是现在一共有5份蛋糕，每份就是$\frac{1}{5}$。

"肯定不对，分数是我们在平均分的基础上得到的数，现在欧阳院长和贝贝的蛋糕都比我们的小呢，不是平均分，所以一定不是宝宝说的$\frac{1}{5}$。"安心认真地分析着。

"那是多少呢？"大家又陷入了沉思。

"我有一个比较原始的办法，可以**先看看结果，再推理一下过程**，这也是学数学的一种办法！"安然说着，便拿起了切蛋糕的刀。

"刚刚贝贝把自己的蛋糕平均分成了2份，所以她现在的一份蛋糕比我们的小，我们也可以像她一样，把自己的蛋糕也平均分成2份，那我们的每一份蛋糕不就和贝贝的蛋糕一样大了吗？"说着，他就开始分起了自己的蛋糕。

当他分到宝宝的蛋糕时，宝宝双手护着自己的蛋糕，死活不让分。安然笑着说："你这个小贪吃鬼，我只是把你的蛋糕平均分成2份而已，这2份还是你的，一丁点儿也不会少的！"宝宝松开了护着的双手。

安心说："安然的办法真好，欧阳院长的蛋糕现在和这里的每一份都一样大了，也就是我们已经把一个大蛋糕平均分成了 8 份，所以每一块蛋糕可以用$\frac{1}{8}$来表示。"这个办法虽然原始，但大家一听就明白了。

"**分子都是 1，分母越大，分数反而小。**你们看：$\frac{1}{4}$的蛋糕比$\frac{1}{8}$的蛋糕大呢！"安心接着说。

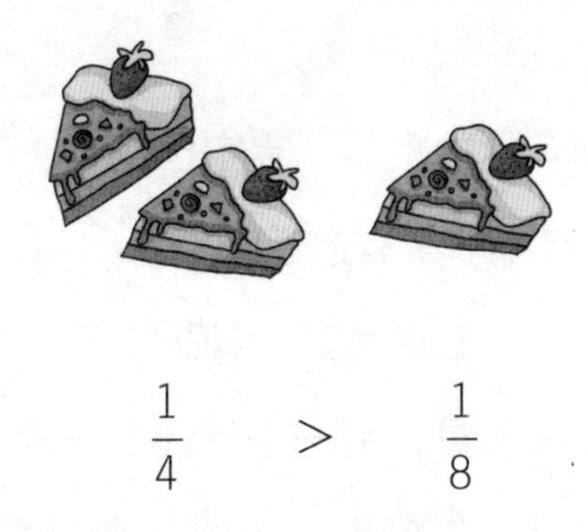

$$\frac{1}{4} > \frac{1}{8}$$

"是的，我把这个蛋糕**平均分的份数越多，每一份就越小**，比如把这个大蛋糕平均分给 10 个小朋友吃，每个小朋友就分到$\frac{1}{10}$。$\frac{1}{10}$比$\frac{1}{8}$还要小。"安然说道。

"要是这里有 20 个小朋友，那每个人只能吃到$\frac{1}{20}$的蛋糕了，那不是只能吃到一点点了？我可不喜欢$\frac{1}{20}$这个分数。"宝宝说着，又用双手护着自己的蛋糕。

大家看着宝宝着急的样子，都哈哈大笑起来。

大家开始吃蛋糕了。宝宝一边吃一边自言自语地说："这是$\frac{1}{8}$的蛋糕，这也是$\frac{1}{8}$的蛋糕，$\frac{1}{8}+\frac{1}{8}=\frac{2}{8}$，这个$\frac{2}{8}$是刚刚的$\frac{1}{4}$分出来的，所以这个$\frac{2}{8}$和$\frac{1}{4}$一样大，那么，$\frac{2}{8}=\frac{1}{4}$。"

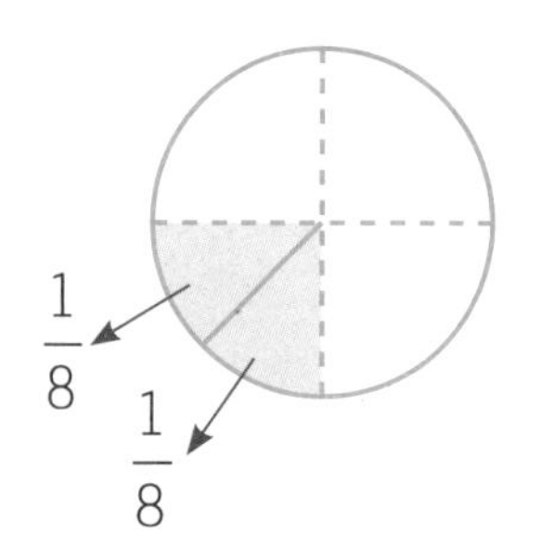

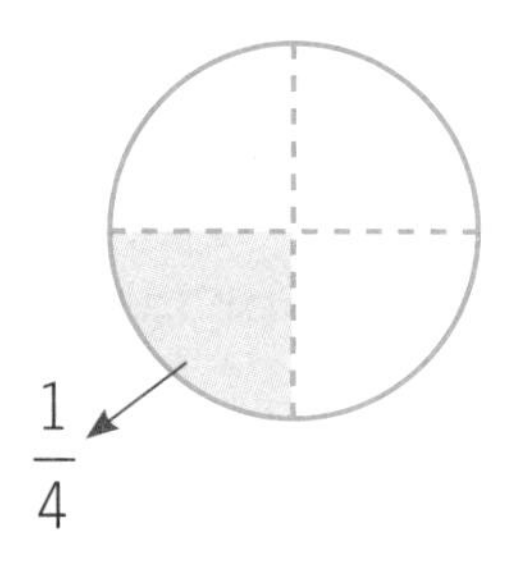

通过分蛋糕这件有趣的小事，宝宝已经迷上了分数，他在不断地探索分数的奥秘，而且都非常有道理呢。

吃完蛋糕，大家个个心满意足，神采飞扬。安然和安心在研究贵宾室里各种各样的烹饪工具，每一个烹饪工具都有配套的食谱，尤其是那个空气炸锅，竟然能在短时间内炸出他们喜欢吃的薯条、烤翅、葱香灵力豆。

宝宝和贝贝在细细研究餐桌上的美食：

一个比萨可以平均分成 6 份，每一份就是这个比萨的$\frac{1}{6}$。

一个面包平均分成了 11 份，每一份就是这个面包的$\frac{1}{11}$。

一大块灵力糖平均分成了 8 份，每一份就是这块灵力糖的$\frac{1}{8}$。

宝宝看着诱人的灵力糖，没有忍住，掰了一块吃，真甜真香啊！

看着宝宝陶醉的表情，贝贝也没有忍住，也掰了一块尝尝。真好吃！香甜丝滑，入口即化。

宝宝又吃了一块，贝贝也吃了一块，一眨眼，一大块灵力糖只剩下一点点了。

宝宝说："我吃了这块灵力糖的$\frac{3}{8}$。"贝贝说："我吃了这块灵力糖的$\frac{2}{8}$，那么我俩一共吃了这块灵力糖的几分之几呢？"

"我吃了3份，就是3个$\frac{1}{8}$，你吃了2份，就是2个$\frac{1}{8}$，我们一共吃了5个$\frac{1}{8}$，那就是我俩一共吃了这块糖的$\frac{5}{8}$。"

"哦，那就是说$\frac{3}{8}+\frac{2}{8}=\frac{5}{8}$。"贝贝得意地说，"你比我多吃了$\frac{1}{8}$的灵力糖，$\frac{3}{8}-\frac{2}{8}=\frac{1}{8}$。"

看着两个认真好学的小蘑菇人，欧阳院长越发喜欢他们了。他从抽屉里找出了好多做灵力糖的原料，带着两个小蘑菇人一起研究做灵力糖的食谱。这样，他们自己就可以做灵力糖了，想做多少就做多少。

欧阳院长在心里有了一个决定，他要把做出来的灵力糖带回神奇学院，奖励那些勤奋学习又愿意帮助别人的小朋友。

数学小博士

为了把一个蛋糕分得公平，大家知道了什么叫平均分。简单来说，平均分就是每份分得一样多。

在吃蛋糕的时候，因为自己的 1 份蛋糕没有 1 个蛋糕大了，只占了 4 份中的 1 份，所以可以用一个新的数字 $\frac{1}{4}$ 来表示，$\frac{1}{4}$ 是一个新认识的数，叫分数，$\frac{1}{4}$ 这个分数是把 1 个蛋糕平均分成 4 份，表示其中的 1 份。

在比蛋糕大小的过程中，孩子们学会了比较分数的大小。当分子都是 1，分母大的分数反而小；如果分母一样大，则分子大的分数就大。

在吃灵力糖的过程中，宝宝和贝贝学会了简单的分数加减法：如果分母一样，只要把分子相加、相减就可以了。

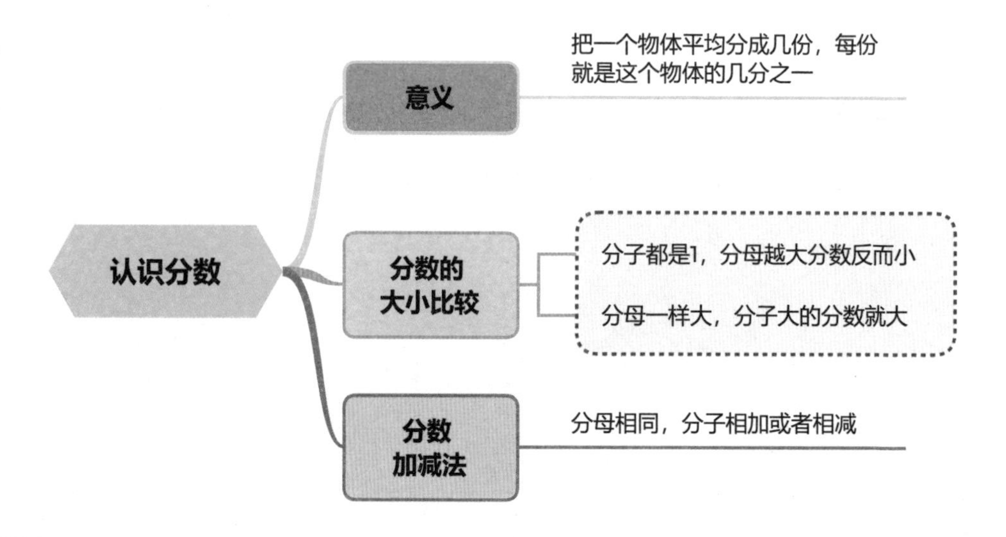

欧阳院长带着宝宝和贝贝做了很多很多的灵力糖，他们想把这些灵力糖用糖果纸包装一下，这样也方便存放。

欧阳院长找来了很多大糖果纸。他把一张大糖果纸对折、对折再对折，准备按折痕裁剪成小的包装纸进行包装。这时，欧阳院长问两个小蘑菇人："如果我们把这张糖果纸按现在的折痕剪开，每一小张是这张糖果纸的几分之几？"

宝宝答："是$\frac{1}{3}$，因为一共对折了 3 次。"

贝贝答："应该是$\frac{1}{6}$，因为一次比一次多，1+2+3=6。"

欧阳院长摇了摇头。小朋友们，你们知道他为什么摇头吗？

温馨小提示

两个小蘑菇人知道答案错了，就准备用纸折叠一下看看正确的结果是什么。他们迫不及待地打开了对折三次后的包装纸，数了一下，一共平均分成了 8 份。

两个小脑袋又凑在一起认真研究起来：

对折一次，把一张纸平均分成了 2 份。⟹ 2

再对折一次，把一张纸平均分成了 4 份。⟹ 2×2

再对折一次，把一张纸平均分成了 8 份。⟹ $2\times2\times2$

小朋友们，如果对折 4 次、5 次……又会把一张纸平均分成几份呢？

第十章

剪窗花赢大奖

——轴对称图形

快乐的时光总是那么短暂，安然和安心的这次游学之旅就要结束了。

大家带上满满一大袋子的灵力糖，由小毛驴驮着，无比留恋地告别了美丽的面包国，回到了神奇学院。

此时的神奇学院和离开时有点儿不一样。校园里的小草已经暗绿，也更加茂盛了。放眼望去，操场上、教学楼前、公寓楼边，小草一棵挨着一棵，一片接着一片，好像手拉着手在欢迎大家回来。

小蘑菇人宝宝和贝贝因为在旅途中表现优秀，可以直接进入三年级学习，和安然、安心成了同班同学。他们很珍惜这次来之不易的机会，学习非常刻苦，如饥似渴地学习各种各样的知识。

一转眼，元旦快到了，在元旦这一天，神奇学院会有一个重要的活动——技能大赛。神奇学院的所有学生都可以参加，报名方式就是把名字投入学院门口的宝鼎里。

宝鼎又高又大，宝宝和贝贝怎么跳也看不到宝鼎里面。他们不是来报名的，而是来看鼎的，可他们太矮了，怎么也看不到。

“宝宝，我来帮你。”安然和安心刚好来报名。

问清情况后，安然邀请宝宝和贝贝加入他们的参赛小组。

“今年比赛的主题是创意窗花，我们连普通窗花都不会剪。”贝贝说着就摇起了头。

“贝贝手那么巧，她都没有信心，我更不行了。”宝宝摆摆手往后退。

“你们两个试都没试，就打退堂鼓……”安然有点儿生气，安心立即阻止他继续说下去，拉着安然走了。

“他们没有信心，你这样说只会让他们更加难过。我有一个办法，可以……”安心把嘴对着安然的耳朵，说起了悄悄话。

这天，宝宝和贝贝走进教室，看见安然和安心正在剪窗花。安心一手拿着小剪刀，一手拿着红纸，红纸在她的手里像一只小精灵，一会儿上，一会儿下，一会儿平移，一会儿旋转。她放下剪刀，轻轻打开折叠起来的红纸，红纸一层层地被拉开，就像神奇的魔术一样，一张张漂亮的窗花诞生了。

“哇，这太神奇了！”贝贝围着安心不停地感叹。

宝宝看完窗花，又去看安心的手，看了手又去看剪刀，看了剪刀又去看红纸。简单的一张纸，一把剪刀，一双手，就能创造出各种图案，这简直就是魔术呀。

安心见他们喜欢窗花，就把剪刀和红纸递给他们。宝宝兴致勃勃地拿起剪刀，学着安心的样子剪起来。看安心剪纸的时候，觉得剪刀非常灵活，可到了自己手里却不好控制。宝宝和贝贝手忙脚乱地尝试了几次，留下的只是一堆纸片，没有一张成形的图案！

宝宝生气地将剪刀一丢说：“不剪了，不剪了，太难了！”

贝贝把安心剪好的窗花一遍遍地打开，又一遍遍地折好，她想在安心剪好的窗花里找到秘密。

“安心，你剪的窗花太漂亮啦，可我怎么也学不会。剪纸之前为什么折纸呢？而且折的次数也不同，**有的折一次，有的折两次**，这是为什么呢？”

“贝贝，你问到关键点上了。”安心笑着说。

“难道折纸是剪纸的关键点？”

“你们是不是觉得我剪得特别快？奥秘就在这里！”安心说着拿起一张蝴蝶窗花，将它对折，再打开。

“我知道了，两边完全相同，对折后完全重合了。”宝宝说。

“我也知道了，对折后两边的形状和大小都一样。”贝贝接着说。

“是的，**剪纸是对称的**，折起来剪，既能剪出一模一样的，又

可以一次剪两个。”安心接着说，“将它对折，两边能完全重合，这样的图形就是轴对称图形。”

安然笑着说：“这就是安心剪窗花又快又好的奥秘所在！这条折痕还有名字呢，叫**对称轴**。瞧！我们是借助轴对称图形的特征来剪窗花。”说完，他也拿出一张纸，将它对折，然后拿出笔在一边画上蝴蝶的一半，接着用剪刀沿着刚刚画的边线去剪，打开纸，一张蝴蝶窗花就出现了。

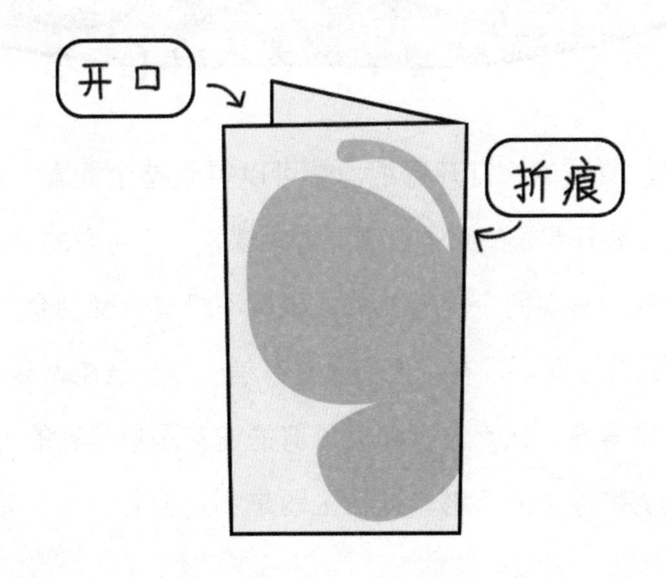

“原来是这样！”宝宝和贝贝异口同声地说。

“你们试试看！”安心赶紧说。

宝宝和贝贝摩拳擦掌，跃跃欲试。他们先拿出纸进行对折，然后在对折的纸上画上自己喜欢的图案的一半，有松树、云、燕子、蝴蝶、小花等，贝贝还画了一个扎小辫的小姑娘。

画一半，剪一半，打开折纸，就可以得到整个图案：一棵松树，一大团云朵，展开双翅的燕子，漂亮的蝴蝶，一个可爱的小女孩……

安然和安心看着两个小家伙的成果赞不绝口，受到夸奖的宝宝和贝贝脸上都乐开了花。现在，他们非常有信心参加技能大赛啦！

宝宝非常得意，认为自己和贝贝剪的窗花是最漂亮的，但安然却说，窗花光剪得漂亮还不够，这次主题是创意窗花，不仅要好看，还需要有创意。

“什么样的窗花才算有创意呢？”贝贝问。

安然看着图案中可爱的扎小辫的小女孩，有了新的想法。只见他把一张纸对折一次，再对折一次，画上半个小人儿，剪半个小人儿，打开折纸一看：

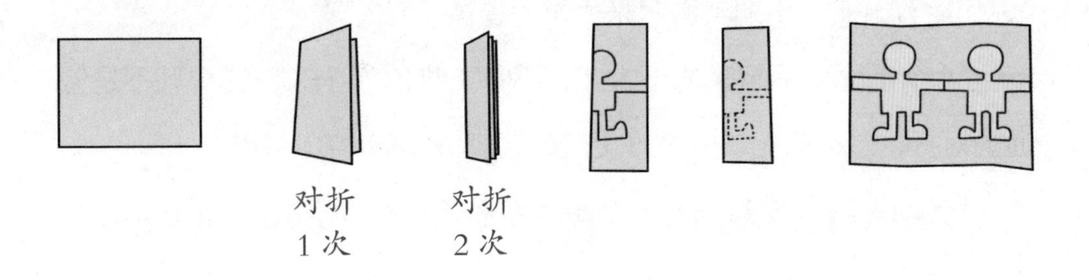

“哇！两个小人儿手拉手，这真有意思！”宝宝和贝贝一起惊呼起来。

安心用一张纸对折3次，画了半个小人儿，再展开，4个手拉手的小人儿出现了。

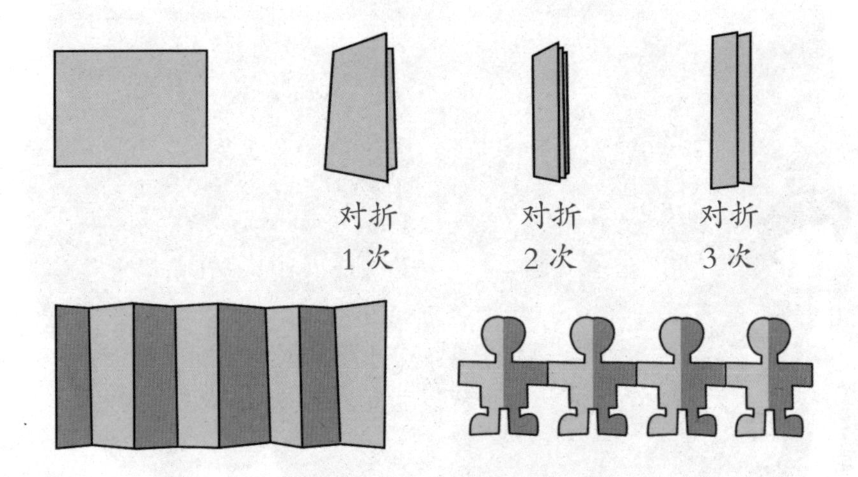

宝宝和贝贝觉得这 4 个人就像他们 4 个一样，现在他们就是手拉手，一起准备技能大赛。

“如果**对折 4 次**，就可以得到 8 个小人儿手拉手，**对折 5 次**，就是 16 个小人儿手拉手……”贝贝发现了规律。

欧阳院长巡查各比赛点的情况，看到了这个 4 人手拉手的剪纸：“你们能剪出 4 个小朋友围起来手拉手的窗花吗？”

“4 个手拉手围起来的小人儿，不是一排的 4 个人，这个可不是普通的对折，怎么剪呢？这个难度太大了。”安然有点儿发愁了。

“我们可以先想象一下这个基本图形是什么样子的。”安心说出了自己的想法。

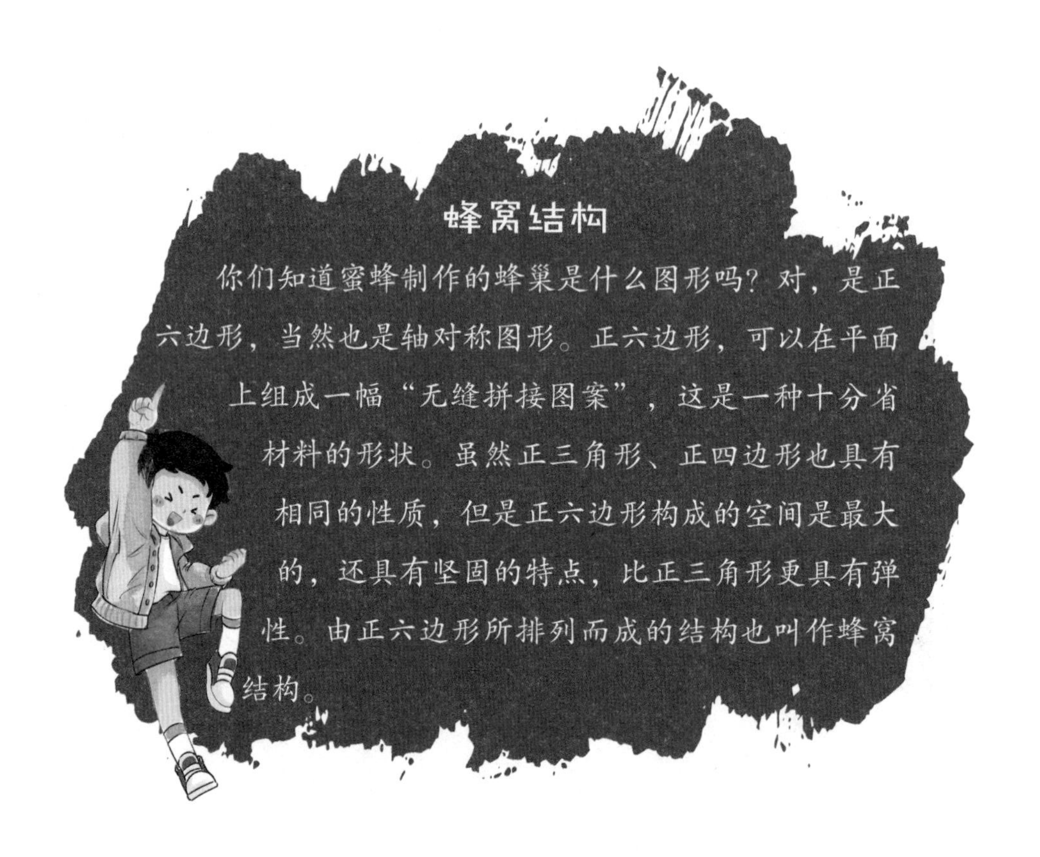

按照安心的思路，大家一起动手，先确定了 4 个小人儿手拉手的图案是什么样的，然后开始想怎么剪出这个图案。

“我们可以把这个图案折叠一下，看看它折叠后的样子。”安然觉得可以反着来，根据图案推出应该折叠的样子。

他们一次又一次尝试，在一次次尝试中，他们终于发现了其中的奥秘，只要把一**张正方形纸**“十”字对折，画出红框里的一半，剪下来就会得到 4 个小人儿手拉手的图案。

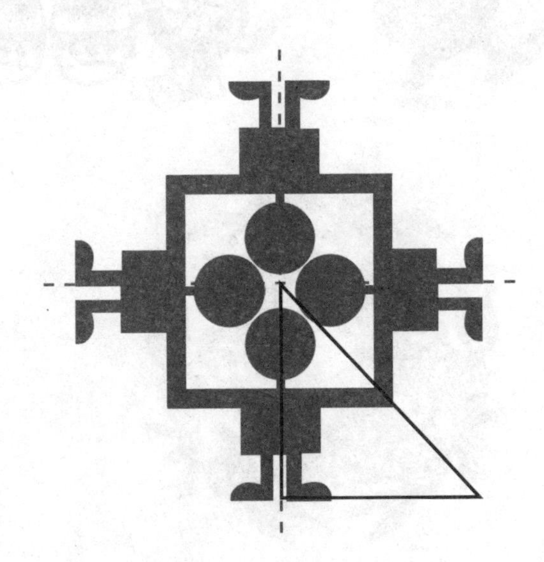

找到奥秘之后，他们开始构思图案——是剪小人儿呢还是小动物，或是植物?

“我们剪小兔子吧。”贝贝很喜欢小动物，小兔子长长的耳朵可爱极了。于是他们设计了小兔子背对背、面对面、举胡萝卜等各种各样的图案。

最后，安然队的春兔获得创意窗花技能大赛一等奖。

宝宝和贝贝非常高兴，没想到在神奇学院第一年就得了大奖，比起这个奖，他们更喜欢和安然、安心一起设计图案、一起研究剪纸的过程。

“窗花虽小，但它里面藏着大学问，有美术知识，有数学知识，还

有学习一种新技能的方法。他们带着这些学问，带着敢于挑战的勇气，带着乐于思考的习惯，带着善于实践的能力，走进数学，走进生活。”这是欧阳院长给四位小伙伴的颁奖词。说得太好啦！宝宝把巴掌都拍红了。

颁奖之后，神奇学院庆祝元旦活动开始啦！大家开心地唱歌、跳舞、做游戏、吃美食……

数学小博士

过元旦啦！安然和安心剪窗花剪得又快又漂亮。

通过观察，宝宝和贝贝发现，把窗花对折，所有的图案都能够完全重合，像这样的图形叫轴对称图形，中间那条折痕所在的直线叫对称轴。

剪窗花，我们只要把纸对折，剪出一半就可以啦！当然，这是最简单的方法。

在剪窗花的过程中，四个小伙伴勇于挑战，由易到难，化繁为简，成功找到了剪出多个小人儿手拉手的窗花的秘诀，最后剪出了各种有创意的兔年窗花，获得了技能大赛的一等奖。

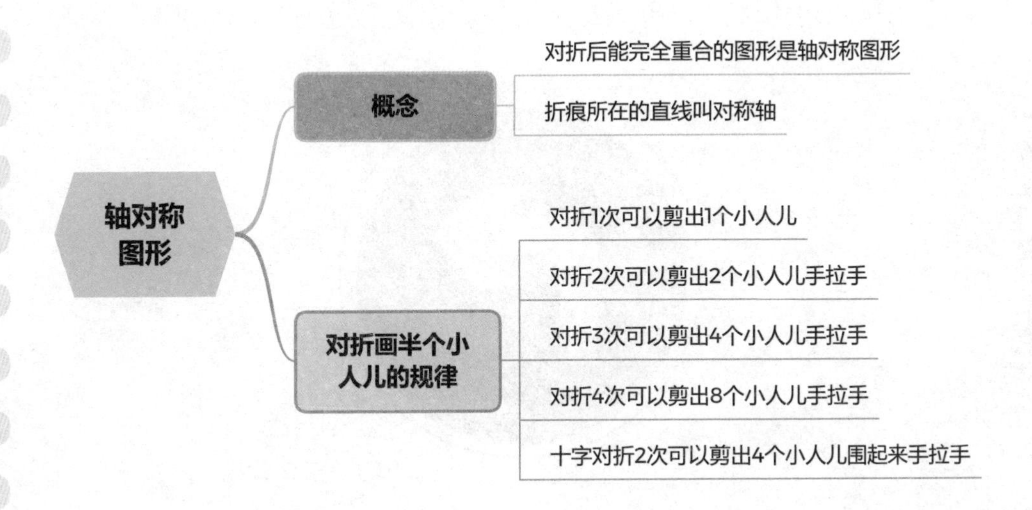

小伙伴们快乐地聚集在一起庆祝元旦。

宝宝和贝贝拿出了珍藏的灵力糖分发给大家，为了分得公平公正，他们俩认真数了数教室里的人数，每人分的一样多。

小伙伴们也邀请两个小蘑菇人加入了游戏活动。有的男女生排队，一个隔着一个排列，正好围成一圈，大家做“猫抓老鼠”游戏。有的把几张凳子摆在中间，在欢快的音乐声中玩起了“疯狂的凳子”游戏。

欢度节日时，宝宝和贝贝发现了许多有规律的轴对称图形。

他们还发现一个去卫生间的指路牌，宝宝说这个圆形指示标也是轴对称图形，贝贝却不认同。你认为是吗?

温馨小提示

贝贝说："你看，这整个图形是一个圆形，光看圆形是一个轴对称图形，但是我把它对折的话，外面的圆形能完全重合，里面的图案却不能完全重合，所以，这个标志不是轴对称图形。"

宝宝听完佩服地点点头。

欧阳院长告诉大家，知识源于生活，当小朋友们发现生活中处处体现着所学的知识时，学习兴趣就被大大地调动起来了。只要我们善于观察，生活中处处都有数学奥秘。

尾声

在期末的综合考核中，宝宝和贝贝获得了优秀，成了名副其实的三年级学生。他们淳朴善良，把做灵力糖的方法分享给大家；他们热心助人，小朋友们遇到困难，他们总是第一时间伸出援助之手；他们聪明好学，虽然来神奇学院之前从没有进过学校，但他们通过勤奋学习已经完全掌握了三年级上学期的内容。

在这个神奇学院中，像安然和安心、宝宝和贝贝这样善良正直、勤奋学习的学生还有很多。他们性格各异，每个人都有自己的奇遇，也曾在这片大陆上有过探险经历，留下了很多精彩的故事。

敬请期待三年级下学期的数学冒险故事——《误入奇幻森林》，更多精彩故事等着你！